学会选择 懂得放弃

解决人生难题的关键思维

滕龙江 著

U0892922

黑龙江教育出版社

图书在版编目（CIP）数据

学会选择懂得放弃 / 滕龙江著. -- 哈尔滨 : 黑龙江教育出版社, 2017.5
（读美文库）
ISBN 978-7-5316-9251-5

Ⅰ. ①学… Ⅱ. ①滕… Ⅲ. ①人生哲学—通俗读物 Ⅳ. ①B821-49

中国版本图书馆CIP数据核字（2017）第146426号

学会选择懂得放弃
Xuehui Xuanze Dongde Fangqi
滕龙江 著

责任编辑	徐永进
装帧设计	MM末末美书
责任校对	程 佳
出版发行	黑龙江教育出版社 （哈尔滨市南岗区花园街158号）
印 刷	天津安泰印刷有限公司
开 本	880毫米×1230毫米 1/32
印 张	7
字 数	140千
版 次	2017年12月第1版
印 次	2017年12月第1次印刷

书 号 ISBN 978-7-5316-9251-5 定 价 26.80元

黑龙江教育出版社网址：www.hljep.com.cn
如需订购图书，请与我社发行中心联系。联系电话：0451-82533097 82534665
如有印装质量问题，影响阅读，请与我公司联系调换。联系电话：010-64926437
如发现盗版图书，请向我社举报。举报电话：0451-82533087

前 言

人生，因选择而精彩，因放弃而辉煌。

生活，因选择而多姿，因放弃而明朗。

每个人一生中的每时每刻，其实都是在选择中度过的。有人这样说："品味人生，最大的愉快莫过于作出选择，最大的痛苦也莫过于作出选择。"人生的"棋"走好了，一生顺利或成功；走不好，一生曲折或失败。不同的选择导致命运的迥异，错误的选择会让人走尽弯路，辛苦一生却始终与成功无缘，甚至酿成人生悲剧；只有量力而行的睿智选择才会让人一帆风顺，到达理想的港湾，成就幸福的人生。

在遥远的一座大山上，住着一个能预知未来的老人，据说他能回答任何人提出的问题。

有个年轻人很不服气，想愚弄这个老人，他捉了一只小鸟，藏在身后，问："我手中的小鸟是活的还是死的？"这个年轻人想：如果老人说小鸟是活的，我就把它掐死；如果老人说是死的，我就松手让它飞掉。

老人郑重地看着这个年轻人说："生命就掌握在你的手上！"

是的，生命掌握在自己的手中，你想赋予生命什么样的意义，你想过什么样的生活，都取决于你的选择。

西方有句谚语："年轻人总是生活在虚幻的雨季中，其实一切都会雨过天晴。"刚步入社会的年轻人，没有预想到生活中有很多挫折，因而在面对挫折时总是不知所措。其实，人的一生中会有各种各样的变故，年轻人最重要的就是如何去应付这些变故，构筑各自的人生，不能被命运阻挡了道路。如果有了正确的选择和妥当的方法，也可以将人生的道路引导到更理想的方向去。

美国诗人弗洛斯特说："林中有两条小路，你选择了其中的一条，就会看到不同的风景。"

正确的选择，恰如路标，让你避开绊倒你的石头或木桩，让你找到一条充满花香的小径。

在人生的旅途中，没有一步登天的魔毯，你的双脚必须坚实地踏在土地上，一步一个脚印地走。学会选择，可使自己少走弯路，避免重蹈覆辙；学会选择，可使自己的人生之路越来越宽，不断向前延展；学会选择，可使自己的人生多彩而充满喜悦。

生活的旅途常常会有挫折，会有苦难，这时候需要一种心态——放弃。人，必须懂得及时放弃，放弃那些看似最有利可图却不能令人再进步的东西；人，必须鼓起勇气，不断舍弃，才能开创出生命的另一高峰。为了熊掌，我们可以放弃鱼；为了事业的成功，我们可以放弃逍遥娱乐；为了纯真的爱情，我们可以放弃金钱；为了庄严的真理，我们可以放弃耀眼的功名。我们应放弃一切给我们带来痛苦和烦恼的牵挂与累赘，保留生命中最有价值、最必要、最纯粹的部分，这样我们的生命之舟才能轻快地驶向无限宽广、风光旖旎的远方。

我们要用冷静的态度对待人生中的每一次抉择。同样，放弃也是我们必须懂得的生活智慧。生活中，常有不好的境遇不期而至，让我们防不胜防，这时我们更要学会放弃。放弃焦躁的心理，安然地等待生活的转机；放弃昨日的悲伤，拥抱明天的幸福；放弃无谓的执着，迎来生活的新生。

几十年的人生旅途，会有山山水水，风风雨雨，有所得也必然有所失，我们只有学会选择，懂得放弃，才能拥有一份成熟，才会活得更坦然更轻松。

本书用简洁洗练、生动晓畅的语言，将人生中的每一个关键节点都详细展开来讲解，告诉读者如何在命运的十字路口进行睿智的选择，如何在浮躁喧嚣的生活中作出明智的放弃，最终找准自己的人生位置，走出一条属于自己的路，在生命的天空里划出一条优美的弧线。

目录

第一章　人生需要选择，生活需要放弃

第四章 在选择和被选择之间作出选择

第五章 放弃是为了更好地选择

第六章 选择该选择的，放弃该放弃的

第七章 立身行事，选择在左放弃在右

第八章 睿智取舍，以自己喜欢的方式过一生

第九章 在不确定的世界理智地选择和放弃

第一章

人生需要选择，生活需要放弃

你要选择什么样的命运

很多人认为命运难以改变，相信人的命运是生来注定的。这种想法是片面的，不切实际的。人的命运是可以改变的，甚至也是可以选择的，关键在于你是否有一个明确而切实的人生态度。

一个年轻人在底特律生活了一段时间以后搬到了新奥尔良。他在底特律时只是一个铅管匠，努力了好多年，也没有发展起自己的事业，原因是缺乏资金。刚搬到新奥尔良的时候，他带着老婆、三个孩子和120元钱，那是他全部的“家当”和资产。搬来后的第一天，他找了八家铅管公司，可是没有人愿意雇用他，那些人只是告诉他人手已经够了。

无奈，第二天他跳上了一辆公共汽车，走过了一条长长的、繁忙的大街。那条街上有几家快餐店，他记下了在窗口上张贴征聘店员广告的快餐店的店名。走到路尽头时，他跳上了另一辆返回家的车，一路上去了四家快餐店，可是都没有找到工作。最后，总算第五家的经理对他有点兴趣。他向那个经理保证，他工作勤奋，而且做人诚实。那个经理告诉他，薪水相当低。但他告诉经理待遇不成问题，他会为顾客提供一流的服务。

他一直工作得很努力，结果在六个星期之内他成了那家快餐店的营业部经理。在那期间，他结识了不少顾客，根据他们的要求，他改善了服务质量，提高了工作效率。九个月后，这家快餐店的老板把他叫到了办公室。原来这个老板除了经营餐饮业之外，还有别的投资项目，尤其是在房地产方面也搞得不错。这个老板看他能力很强，也很敬业，就想派他去一座有90户的大厦当助理经理。

他当时就愣住了，然后告诉这个老板，他只当过铅管匠，对管理大厦一无所知。但老板笑着对他说："我查过你在快餐店的营业记录，利润增加了83%。管理大厦与管理快餐店的道理是一样的——乐于助人、推行计划和委派。我想你一定能让大厦保持客满，准时收到房租，而且保养良好。"

结果他接受了这份工作——工资是他在快餐店时的三倍，还配有一间漂亮的公寓。两年后，他已经升为高级经理。不久以后，他就有了足够的钱来开创他自己的事业——创办一家大规模的铅管企业。

这个年轻人选择了一份很少有人愿意去做的工作，但他最终却成就了自己的事业。

命运是可以选择的，每个人都有选择的自由。你选择了什么样的人生道路，决定了你享有什么样的人生。

你手中握着选择的钥匙

人，有的可以永远做自己生活的主人，有的却永远成了自己生活的奴隶。希望、绝望，可爱、可恨，积极、消极，自信、自卑……这所有的一切都统统归结于你自己的选择。

在美国，有一位穷困潦倒的年轻人，即使在身上全部的钱加起来都不够买一件像样的西服的时候，仍全心全意地坚持着自己心中的梦想，他想做演员，拍电影，当明星。

当时，好莱坞共有500家电影公司，他逐一数过，并且不止一遍。后来，他又根据自己认真拟定的路线与排列好的名单顺序，带着自己写好的量身定做的剧本前去拜访。但一遍下来，所有的500家电影公司却没有一家愿意聘用他。

面对百分之百的拒绝，这位年轻人没有灰心，从最后一家被拒绝的电影公司出来之后，他又从第一家开始，继续他的第二轮拜访与自我推荐。

在第二轮的拜访中，500家电影公司依然全部拒绝了他。

第三轮的拜访结果仍与第二轮相同。这位年轻人又开始他的第四轮拜访，当拜访完第349家后，第350家电影公司的老板破天荒地答应愿意让他留下剧本先看一看。

几天后，年轻人获得通知，请他前去详细商谈。

就在这次商谈中，这家公司决定投资开拍这部电影，并请这位年轻人担任自己所写剧本中的男主角。

这部电影名叫《洛奇》。

这位年轻人的名字叫席维斯·史泰龙。现在翻开电影史，这部叫《洛奇》的电影与这个日后红遍全世界的年轻人皆榜上有名。

太多的时候，面对困境，我们选择的是听天由命，认为命运是不可选择和主宰的。然而史泰龙用他的经历无可辩驳地告诉我们：命运可以改变，命运也可以选择，命运完全由自己掌握。

如果我们自认为“不走运”，那么伴随我们的就是消极抑郁、悲观绝望的情绪，而这种负面情绪会将我们带向失败的境地，命运变得坎坷不幸。所以，不要相信命运不可改变，不要对命运俯首称臣。面对命运，你仍然拥有一种自由，那就是选择的自由。

每个人之间存在的差距都不大：积极与消极。然而，它们却能造成巨大的差异：成功与失败。在挫折面前，我们往往束手无策，甚至怨天尤人。不妨扪心自问：我真的陷入绝境了吗？我为自己的人生仔细思考、打算过吗？我朝自己的梦想继续努力了吗？我就这样被轻易打败了吗？

命运是可以选择的，但这选择是以我们自己的心态为前提的。只有保持积极向上、永不屈服的心态，我们才能战胜命运中的不幸，扭转命运的轨迹，赢得自己期盼的好运。

你的选择停在哪一“楼”

有两兄弟，他们一起住在一幢公寓楼里。一天，他们一起去郊外爬山。傍晚时分，等他们爬山回来，回到公寓楼的时候，发现一件事：大厦停电了！这真是一件令人沮丧的事情。为什么呢？因为很不巧，这两兄弟是住在大厦的顶楼。那么，顶楼是几楼呢？那就更加不巧了，顶楼是80楼。很恐怖吧？虽然两兄弟都背着沉重的登山包，但看来除了爬楼梯外别无选择。于是，哥哥对弟弟说：“我们爬楼梯上去吧！”于是，他们就背着一大包行李开始往上爬。到了20楼的时候，他们觉得累了。弟弟就提议说：“哥哥，行李太重了，不如这样吧，我们把它们放在20楼，我们先上去，等大厦恢复电力，我们再坐电梯下来拿吧。”哥哥一听，觉得这主意不错：“好啊。弟弟，你真聪明呀！”于是，他们就把行李放在20楼，继续往上爬。卸下了沉重的包袱之后，两个人觉得轻松多了。他们一路有说有笑地往上爬。但好景不长，到了40楼，两人又觉得累了。想到只爬了一半，还有40层楼要爬。两人就开始互相埋怨，指责对方不注意停电公告，才会落到如此下场。他们边吵边爬，就这样一路爬到了60楼。

到了60楼，两人筋疲力尽，累得连吵架的力气也没有了。哥哥对弟弟说：“算了，只剩下最后20层楼，我们就不要再吵了。”于是，他们一路无言，安静地继续往上爬。终于，80楼到了。到了家门口，哥哥长吁一口气，摆了一个很酷的姿势：“弟弟，拿钥匙来！”弟弟说：“有没有搞错？钥匙不是在你那里吗？”

大家猜猜发生了什么事？——钥匙还留在20楼的登山包里！

这个故事其实正反映了我们的人生：20岁之前，我们活在家人、老师的期望之下，背负着很多压力，不停地做功课、考试、升学，就好像是背着一个很重的登山包，加上自己也不够成熟有能力，所以走得很辛苦。20岁以后，从学校毕业出来，踏上工作岗位，开始自己的职业生涯，自己喜欢做什么就做什么，想怎么做就怎么做，就好像是卸下沉重的包袱。所以说，从20岁到40岁，是一个人一生中最愉快的20年。

到了40岁，人到中年，发现青春早已逝去，但又有很多遗憾，于是开始抱怨，骂老板不识货，怪家人不体恤，埋怨政府，埋怨国家，埋怨社会。就这样在抱怨遗憾中又过了20年。

到了60岁，发现人生所剩不多，于是告诉自己，不要再埋怨了，就珍惜剩下的日子吧。于是，默默走完自己的最后岁月。到了生命的尽头，突然想起：好像有什么忘记了。是什么呢？是你的钥匙，你的抱负，你人生的关键。你把你的理想、抱负、关键都留在20岁，没有完成。

想一想，我们是不是也要等到40年之后、60年之后才来追悔？想一想，我们最在意的是什么？想一想，希望将来的自己和现在有些什么不同？是不是可以做些什么来不让这个遗憾发生呢？那么，我们要做什么呢？

你要做的，就是选择，及早做好你的人生选择。选对你现在的路，为了以后的人生。

今天的选择决定你的未来

你今天在做什么，决定了你明天不用做什么和可以做什么。在这个世界上，通向成功的道路何止千万条，但你要记住：所有的道路，都不是别人给的，而是你自己选择的结果。你有什么样的选择，也就会有什么样的人生。

大约一百年前，美国密苏里州伦道夫县有一个叫克拉克的村子，村子里有一户贫困人家，家里有一个非常聪明的小男孩。一天，男孩的妈妈让他去把30个鸡蛋卖给村子里的一个邻居。临出门前，妈妈对小男孩说："孩子，这30个鸡蛋能卖40美分，如果邻居嫌贵，就卖35美分。"孩子听了妈妈的话就拿着鸡蛋到了邻居家。

邻居就问他这鸡蛋要卖多少钱？小男孩把妈妈告诉他的话一字不差地告诉了邻居。邻居一听笑了，说："你这么聪明的孩子，把你妈妈的话一字不差地告诉了我，如果让别人知道了会说你太笨。但是，孩子，我不这样认为，我认为你很诚实，是个好孩子。为了对你的诚实进行奖赏，我决定用40美分买你的鸡蛋。”小男孩非常高兴，蹦蹦跳跳地回了家。而这件事，对他的一生都产生了重大影响。

这个孩子长大后上了著名的西点军校。再后来，他成了一名军事专家。一直以来，他都没有改变自己诚实的好品质。为此，他赢得了“诚实的将军”的美誉，他就是奥·N.布雷特利。

选择决定未来的人生。这就是奥·N.布雷特利的故事给我们的最好的启示。

人生道路的方向，奋斗目标的实现，一生成就的大小，以至人际关系的好差，生活的幸福状况，都取决于你怎样选择。而你为选择的目标、事业所付出的努力程度、坚持的时间长短等，都直接决定着你将来取得多大成就、拥有什么样的人生。

今天的现状是你从前选择的结果，你今天的选择决定你几年后的前途。因此，要想拥有一个的光明灿烂的未来，从现在起就要做好自己的人生选择，明确自己的奋斗方向，坚守自己的人生信念，为之付出持续不懈的努力。

放不下就会背负沉重的包袱

生活中，常常听有人抱怨活得太辛苦，压力太大，其实，这往往是因为我们还没有衡量清楚自己的能力、兴趣、经验之前，便给自己在人生各个路段设下了过高的目标，这个目标不是根据个人实际情况制定的，而是和他人比较以后制定的，所以每天为了完成目标，不得不背着责任的包袱去生活，不得不忍受辛苦和疲惫的折磨。

人首先要为自己负责任。有的人不看实际情况，要求自己必须考上名牌大学，必须学热门专业，认为这是自己的责任，只有这样才算完美人生。许多大学毕业生不愿去基层，不愿去艰苦地区，就是因为他们人生的背篓中背负有太多的责任。这种以私利为出发点的个人抱负，已褪变为一个包袱压在身上，让人喘不过气来。可有人却乐此不疲。

人们常说：“什么事都归咎于他人是不好的行为。”但真的是这样的吗？许多人动不动就把错误归咎于自己，其实这也是不正确的观念。比如说有的人因孩子学习不好而整天苦恼，因孩子没考上大学而内疚。

其实只要自己尽力去为孩子做该做的一切了，因为其他原因而落榜，怎么能把责任归到自己身上呢？再者说，塞翁失马又焉知非福呢？指不定孩子能在其他方面有成就呢。

了解自己，做你自己，就不必勉强自己，不必掩饰自己，也不会因背负太重的责任包袱而扭曲自己。

如此，就能少一些精神束缚，多几分心灵的舒展，就能少一点自责，多几分人生的快乐。

有的人对自己和社会格格不入的个性感到相当烦恼，可是后来把它想成：这种个性是与生俱来的，是上天所赐予的，并非自己努力不够。这样一想，也就不再责备自己，不再烦恼了。

当你感到人生不顺、抱怨生活烦闷的时候，应该让自己明智一点，不要用“高标准”去为难自己，卸掉自己背负的沉重包袱，不再折磨自己的内心。

太多舍不得就会活得很累

台湾作家吴淡如说过：“好像要到某种年纪，在拥有某些东西之后，你才能够悟到，你建构的人生像一栋华美的大厦，但只有硬体，里面水管失修，配备不足，墙壁剥落，又很难找出原因来整修，除非你把整栋房子拆掉。但你又舍不得拆掉，那是一生的心血，拆掉了，所有的人会不知道你是谁，你也很可能会不知道自己是谁。”

仔细咀嚼这段话，就会发现，我们不就是因为“舍不得”吗?

很多时候，我们舍不得放弃一个放弃了之后并不会失去什么的工作，舍不得放下已经很远很远的种种往事，舍不得放弃对权力与金钱的追求……于是，我们只能用生命作为代价，透支着健康与年华。不是吗？现代人都精于算计投资回报率，但谁能算得出，在得到一些自己认为珍贵的东西时，有多少和生命休戚相关的美丽像沙子一样在指掌间溜走？而我们却很少去思忖：掌中所握的生命的沙子的数量是有限的，一旦失去，便再也捞不回来。

佛家说“要眠即眠，要坐即坐”，是多么自在的快乐之道啊，倘使你总是“吃饭时不肯吃饭，百种需索；睡眠时不肯睡眠，千般计较”，这样放不下，又怎能快乐呢？

有一幅漫画，一只瘦狐狸从篱笆上的小洞钻进了葡萄园。它大吃了三天，吃光了葡萄园里的葡萄，身体也变得臃肿不堪，已经无法从来时的小洞钻出去。聪明的狐狸饿了三天，才从小洞突围而出。

列夫·托尔斯泰在小说《一个人需要多少土地》中，讲述了这样一个故事：对土地贪得无厌的帕霍姆，最终在用脚丈量土地的贪婪中吐血而死。他的仆人发现，“帕霍姆最后需要的土地只有从头到脚六英尺那么一小块。”

攀登雪山的运动员都遵循这样的原则：在攀登过程中，需要不断地扔掉自己在登山前认真准备的装备，直到扔无可扔，于险要处，教练还会告诉运动员，连呼吸都要控制，稍微粗重的呼吸都可能引发一场雪崩。

上述的例子告诉我们，世上的许多事物，不论费多大的心机，花多大的力气，即使能够拥有，也只是暂时的。因此，我们要学会舍得，懂得放弃，舍弃那些让我们感到沉重和痛苦的东西。

只有懂得生命和世事的无常，便会舍得；能够舍得，才不会被物欲所驱使，才能够看得清生命的本质，抛得开功名利禄，找到生命快乐的源泉。

放弃一切要放弃的

舍得舍得，大舍大得，懂得放弃的人才会真正拥有自己想要的一切。

历史上永州人都特别善于游泳。有一天，河水突然暴涨，有几个永州人正乘坐一条小船上。结果刚到江中心，船就漏水了。船上的人就只好跳到水里往岸上游。其中最会游泳的一个人也使出了全身的力气，但还是没有平常游得快。他的同伴很疑惑，于是问他为什么今天这么吃力？那个人回答说："我腰里缠着太多的钱，现在重得不行，所以今天特别吃力。"于是同伴劝他快把钱扔掉，但是这个人说什么也不肯。

过了一会儿，这个人更加没有力气了。那些已经到了岸上的同伴又大声劝说他扔掉钱，他摇了摇头，最后沉入水中淹死了。

不懂得放弃，就会给自己带来沉重的负累，甚至会自我毁灭。因此，我们要敢于放弃，放弃背负的一切累赘。

人应该舍掉目标以外的东西。因为人的时间和精力都很有限，只有把有限的时间和精力放在事业上，才能够确保取得最大的成功。每一个人面前都有很多目标，但最后必须确定一个目标，然后努力将这个目标实现。但许多人常常会有一些不切合实际的想法，总想着为了逃避风险，便多确定几个目标，这样即使一个目标无法实现，另外一个目标也有可能实现。殊不知这种想法是最致命的，多个目标自然分散精力，一个目标无法实现，很容易像多米诺骨牌一样导致其他目标都无法实现。人在面临多个目标时往往不会全力以赴，而是以为这个不行，下个可以补充，以这样的心态，又怎么能实现目标呢？

人要舍弃生活的惰性。生活一旦形成惰性，做什么事情都很难有激情。即使下定决心做一件事情，往往一遇到困难就想退回到原来的生活状态之中。人们常说，如果想毁掉一个人那就让他安逸起来。这话蕴含着深刻道理。

多是负担，是另一种失去；少非不足，是另一种有余。一个人的幸福，不在于他得到的多，而在于他计较得少。懂得放弃是一种智慧，懂得放弃的人是生活的真正智者。

放弃一扇门，打开一扇窗

放弃能让你迈向成功的彼岸。

如果放弃别人的想法，我们还可以做到。那么，要让我们放弃已取得的成功，再尝试从零开始，可能需要很大的勇气。由自己一手创建的事业，凝聚着自己的心血，每踏出一步，无不付出艰辛的代价，其中的奋斗过程只有自己明白。如果放弃这些，意味着以前的一切努力都将付诸东流。

可是，如果你已明确了自己的目标，而已取得的成就已经不能再适应你的发展，不妨试着放弃它，选择另一条发展之路，也许你将发现现在所走的路才是自己应当走的路，才是自己生命的开始，才真正找到自己一生为之奋斗的目标。

这就是生命的乐趣，生命是自己的，路只能自己走。不管是荆棘小路，还是光明大道，只有在探索中才能知道，才能体会出苦与甜的滋味。如果生命之路没有风险，那怎能品味人生？学会放弃，或许明天的天空会更宽阔。

如果你认定的唯一一扇大门不再为你敞开，不必再在门前徘徊或撞个头破血流终不醒悟。你要学会放弃，转身寻找一个为你开放的天窗，或许在那儿你同样能望见满天星斗。

不会放弃的人，永远无法获得；怀旧的人，不知道什么是眺望。放弃不是逃避，不是懦弱，而是一种选择，是一种洒脱。放弃也是波峰之间的波谷，涨潮前的退潮。有波谷才有波峰，有低潮才有高潮。我们的心容不下太多的等待和悲伤，何不潇洒地让它付诸东流，重新开拓一方天地？只有进退从容，才能迎来光辉的未来。

放弃，开拓更广阔的生存空间

生活中，摆在每个人面前的诱惑实在是太多了。有时我们明明知道诱惑是一个陷阱，却因为经不起诱惑而陷入其中。如果抓住想要的东西不放，就会给自己带来无尽的痛苦，甚至走向毁灭。

其实，如果我们能保持清醒的头脑，就能认清潜在的危机。在现实生活中，需要有一种“放弃”的清醒。

从前，有一个人得到了一张藏宝图，上面标明了寻宝的路线。看到藏宝图，他马上心动了，立即准备好了一切出行要用的东西，还特意拿了四五个大袋子，打算用它们来装宝物。一切准备就绪后，他就上路了。在路上，他斩断了荆棘，趟过了大河，走过了沼泽地。最后，他终于找到了第一个宝藏，宝藏里堆满了发光闪闪的金子。他急忙掏出一个袋子，把所有的金子都装了进去。离开这个宝藏时，他看到了宝藏的门上有一行字：“知足常乐，适可而止。”

他笑了笑，心想，谁愿意丢下这闪光的金子呢？如果有人丢下了，那这个人肯定是个傻子。于是，他没留下一块金子，而是扛着装有金子的袋子往第二个藏金子的地方走去。又是一堆金子出现在了他的眼前。他高兴极了，甚至有些兴奋，像上次一样，他把所有的金子又装进了一个袋子。当他出来时，他又看见了门上写着一行字：“放弃了下一个屋子中的宝物，你会得到更宝贵的东西。”

他没有理会门上的忠告，继续往第三个宝藏走去。第三个宝藏里面堆满了钻石。他发红的眼睛中泛着亮光，贪婪的双手抓起钻石就往袋子里放。突然他发现，在钻石的下面有一扇小门。他心想，这下面一定有更多更好的东西。于是，他毫不迟疑地打开门，跳了下去。谁知，等着他的不是金银财宝，而是一片流沙。他在流沙中不停地挣扎着，可是越挣扎陷得越深，最终他与所有的金子和钻石一起被埋在了流沙下面。

有些人为了得到某些东西，不惜费尽心机去争取，有时甚至会不择手段。可是在他追逐的过程中，可能会失去许多无法计算的东西，得到的东西远不能弥补他所付出的沉重代价。这一点，也许直到最后他才会发现。

如果这个寻宝的人能在看了第一个忠告后就停手的话，如果在跳下去之前想一想的话，那他就会平安地返回，成为一个真正的富翁。所以说，放弃，从某种意义上讲，是给自己一个生存的空间，是给自己留一条后路。

放弃，让自己站在更高的生命起点

在人生的旅程中，也许困难会扑面而来，也许失败会悄然来临，所以如果你要勇敢地生活下去，就必须学会舍弃，学会放手。放弃以往的不如意，去追求全新的辉煌；放弃已有的满足，去接纳更多的东西。迈开向前的步伐，你将会拥有满园的鲜花。

也许有人不舍，宁愿抱着不可能的幻想，也不愿意抬起头往前看。但既然徘徊于原地已经不能使你有所获得，那为什么还要固守着那一片阵地呢？在必要的时候，人应该学会洒脱地放弃，坦然地面对，勇敢地接受已存的事实。

若放弃得合适，则将拥有一生光明的前途。

进化论的提出者达尔文，从小就对大自然产生了浓厚的兴趣。但他中学毕业时，却按照父亲的意愿进入了神学院学习。在经过一段时间的学习后，他还是不能忘记自己喜欢的东西，对于这些枯燥的经文，学习起来就如同嚼蜡，极度苦涩。他的心情失落到了极点，就在这样的情况下，他决定放弃，放弃学习经文，放弃神学院的教导。他决定跟随贝格尔号巡洋舰作环球旅行，开始他对物种新的探索。放弃，铸造了他的成就，使达尔文成了科学史册上不可忽略的名字。

学会放弃，其实就是一种淘汰。淘汰自己的弱项，选择自己的强项。该争取的，不必犹豫；该放弃的，也用不着惋惜。

所以，如果你付出很大的努力仍然无法成功时，你不妨放弃，换一个目标，或许你会收获意想不到的成功。如果你再也激不起别人对你的热情，你不妨放弃，把你绵绵的情意，深深地埋在心底。如果你走进一条无路的死胡同，你应该放弃，必要的回头，会给你带来新的机遇。如果你的成功已达顶峰，你更要学会放弃，开创新的天地，才能让你更加灿烂。

放弃是一种胆魄，是真正的潇洒。放弃是一针清醒剂，让你静下心来好好反思，让你的头脑更清晰。有了一个清晰的头脑，你就可以设想你的前景，你就可以达到你想要达到的目标。

放弃是一个更新的起点，找准自己的位置，你就会焕发出你拥有的美丽。你之所以举步维艰，是因为你背负的东西太重；你之所以背负的东西太重，是因为你还没有学会放弃。学会放弃，懂得放弃，才更懂得拥有，懂得珍惜。你放弃了烦恼，便能与快乐结缘；你放弃了失败，便能步入成功。

人生是既复杂又简单的，说其复杂，是因为它存在着许多复杂的思想和意识；说其简单，是因为它可以让你的心懂得如何取得和放弃。应该取得的需要努力争取，不该取得的则要决然放弃。取得往往容易心地坦然，而放弃则需要很大的勇气。所以，若想驾驭好自己的生命之舟，就必须懂得：学会放弃！

第二章

选择不对努力白费，选择比努力重要

选择错误，人生之路越走越错

有一个年轻人，因为对自己的工作不满意，便跑来向人力资源专家咨询。他自己的生活目标是：要找一个称心如意的工作，改善自己的生活处境。从他的要求来看，这个年轻人的生活动机似乎不全是出自私心而且是完全有价值的。

“那么，你到底想做点什么呢？你自己清楚吗？”专家问。

“我也弄不太清楚，还没有认真考虑过。”年轻人犹豫不决地说，“我只知道我的目标不是现在的这个样子，需要改变。”

“那么你清楚自己的爱好和特长吗？”专家接着问，“对于你来说，你考虑过什么是最重要的吗？”

“这个问题我也不知道。”年轻人回答说。

“如果现在有多种工作让你选择，你知道自己会选择什么吗？你能做出肯定的回答吗？”专家对这个话题穷追不舍。

“我真的说不准。”年轻人困惑地说，“我真的不知道我究竟喜欢做什么样的工作，现在我确实应该好好考虑考虑了。”

“那么，你看看这里吧，”专家认真地说，“你想离开你现在所在的位置，到其他的地方去，这是可以的。但是，在你走之前，你不知道你想去哪里，不知道你喜欢做什么，也不知道自己能做什么，会有什么样的结局。如果你真的想做点什么，那么，现在你必须拿定主意，除此以外别无他途。”

专家对年轻人进行了彻底的分析，同时对这个年轻人的能力进行了测试，结果发现这个年轻人对自己所具备的才能还是一塌糊涂。

根据多年的经验和实践，他知道，对任何人来说，前进的动力都是不可缺少的。因此，他教给年轻人培养信心的技巧，并且鼓励他战胜各种困难。

多年以后，当这位年轻人已经踏上成功征途的时候，一直念念不忘当年专家给予他的指导和激励。

许多人在生活中之所以一事无成，只能平庸地了此一生，也许有各方面的原因，但最根本的在于他们没有从自身出发作选择，而是像一只没有方向的苍蝇乱撞。盲目选择的结果，会让自己的人生之路越走越窄。

在人生的道路上，明确自己的人生方向是非常必要的，一个人只有知道自己的人生方向是什么，明确自己到底想做什么之后，成功才会向他招手。

选择不对，再多的努力都白费

从小到大，我们接受的一直是“天才等于百分之九十九的汗水加百分之一的天分”这类强调勤奋与努力的教育，而实际上，选择比努力更重要。我们必须先选择一个正确的努力方向，再决定用什么技巧在这个方向上走得更快。比如说，你应该明白江河是要流入大海的，而漂在这条河流上的羽毛也会随之流入大海，你只需要找到这条河流并让自己成为那片羽毛就可以了！

白龙马随唐僧西天取经归来，名动天下，被誉为“天下第一名马”，引得众马羡慕不已。于是，很多想要成功的马都来找白龙马，询问为什么自己同样努力却一无所获？白龙马说：“其实我去西天取经时，大家也没闲着，甚至比我还累，我走一步，你们也走一步，只不过我的目标是西天，我选择了一个正确的方向，十万八千里走了个来回，而你们却在原地踏步而已。”众马愕然……

故事很简单，但道理值得回味，路就在脚下，努力之前应先选择一个正确的方向！如果选择了一个错误的方向，哪怕是历尽千辛万苦，也可能只会得到事倍功半甚至是失败的结果。

一个年轻人，大学毕业后被分配到一家大型国有企业，可不巧的是这家企业刚刚进行了人员调整。于是，他就在领导的“鼓励”下，到基层锻炼。尽管他当时很不情愿，但仔细一想，这家大型国企还是很稳定的。当时收入还算可以，虽然听说同学中有辞去公职的，也曾动过心，但想想也就算了。

最重要的是，他因为已习惯了那个工作和周围的环境，所以积极找别的工作就变得不十分重要了，于是一做近十年，也不想换工作了。可是，后来由于国企的经营不善，许多人相继下岗，他才不得不重新面对自己的人生选择。可是，此时的他又能有多少选择的机会呢?

世界成功学大师卡耐基说：“成功不是做你喜欢做的事，而是做你应该做的事。”一个人的能力再大，水平再高，如果选择的人生之路不对，也将无法发挥潜能达成自己的目标。所以，人在一生当中努力固然重要，但选择比努力更重要。选择不对努力白费，甚至会走很多弯路，付出惨重代价。

正确选择，努力才有成果

人生的成败取决于你的选择，只有作出了正确的选择，努力才会有成果；如果选择错误，那么即使你再努力也是枉然。

两个贫苦的樵夫靠着上山打柴糊口。有一天，他们在山里发现两大包棉花，两人喜出望外，棉花价格高过柴薪数倍，将这两包棉花卖掉，足可让家人一个月衣食无虑。当下两人各自背了一包棉花，便赶路回家。

走着走着，其中一名樵夫眼尖，看到山路上扔着一大捆布。走近细看，竟是上等的细麻布，足足有十匹之多。他欣喜之余，和同伴商量，一同放下背负的棉花，改背麻布回家。

他的同伴却有不同的看法，认为自己背着棉花已走了一大段路，到了这里丢下棉花，岂不枉费自己先前的辛苦，坚持不愿换麻布。先前发现麻布的樵夫屡劝同伴不听，只得自己竭尽所能地背起麻布，继续前行。

又走了一段路后，背麻布的樵夫望见林中闪闪发光。待近前一看，地上竟然散放着数坛黄金，于是他赶忙邀同伴放下肩头的麻布及棉花，改用挑柴的扁担挑黄金。

他同伴仍是那套不愿丢下棉花，以免枉费辛苦的论调；并且怀疑那些黄金不是真的，劝他不要白费力气，免得到头来一场空欢喜。

发现黄金的樵夫只好自己挑了两坛黄金，和背棉花的伙伴赶路回家。走到山下时，无缘无故下了一场大雨，两人在空旷处被淋了个湿透。更不幸的是，背棉花的樵夫背上的大包棉花，吸饱雨水，重得完全背不动了。那樵夫不得已，只能丢下一路辛苦舍不得放弃的棉花，空着手和挑黄金的同伴回家去。

背棉花的樵夫因为思想保守，最终一无所获，而几经放弃与选择之后的樵夫最终获得了财富。

在生活中，成功者的秘诀是随时检视自己的选择是否有偏差，合理地调整目标，然后再作进一步的努力，让自己轻松地走向成功。

成功来自一次次的正确选择

成功是一种选择，选择正确了，努力就会事半功倍，你就会快速走向成功；一旦选择错误了，即使你再努力也无济于事。

有一个非常勤奋的青年，很想在各个方面都比身边的人强。但经过多年的努力，他仍然没有长进，所以很苦恼，就向智者请教。

智者叫来正在砍柴的三个弟子，嘱咐说：“你们带这个年轻人到五里山，打一捆自己认为最满意的柴。”年轻人和三个弟子沿着门前的大江，直奔五里山。等到他们返回时，智者正在原地迎接他们。年轻人满头大汗、气喘吁吁地扛着两捆柴，蹒跚而来；两个弟子一前一后，前面的弟子用扁担左右各担四捆柴，后面的弟子轻松地跟着。

正在这时，从江面驶来一个木筏，载着小弟子和八捆柴，停在智者的面前。年轻人和两个先到的弟子，你看看我，我看看你，沉默不语。唯独划木筏的小徒弟，与智者坦然相对。

智者见状，问：“怎么啦，你们对自己的表现不满意？”

“大师，让我们再砍一次吧！”那个年轻人请求说，“我一开始就砍了六捆，扛到半路，就扛不动了，扔了两捆；又走了一会儿，还是压得喘不过气，又扔掉两捆；最后，我就把这两捆扛回来了。可是，大师，我已经很努力了。”

“我和他恰恰相反，”那个大弟子说，“刚开始，我俩各砍两捆，将四捆柴挂在扁担上，跟着这个年轻人走。我和师弟轮换担柴，不但不觉得累，反倒觉得轻松了很多。最后，又把年轻人丢弃的柴挑了回来。”

划木筏的小弟子接过话，说：“我个子矮，力气小，别说两捆，就是一捆，这么远的路我也挑不回来，所以，我选择了走水路……”

智者用赞赏的目光看着弟子们，微微颔首，然后走到年轻人面前，拍着他的肩膀，语重心长地说：“一个人要走自己的路，本身没有错，关键是怎样走，以及走的路是否正确。年轻人，你要永远记住：选择比努力更重要。”

人生不过是一连串选择的过程，从早上起来要穿哪一套衣服出门开始，我们就在选择；中午要去哪里吃饭，我们又在选择。女子有众多的追求者，在考虑结婚的时候，到底哪一位男士比较适合自己，这需要选择；男士找对象时也需要从女子中选择。选择有大有小，正是每日、每月所有的选择的累积影响了我们人生的结果。

一个选择对了，又一个选择对了，不断地作出对的选择，到最后便产生了成功的结果；一个选择错了，又一个选择错了，不断地作出错的选择，到最后便产生了失败的结果。

很多人的成功或失败，并不取决于他知不知道做事的方法，虽然方法很重要，但真正决定成败的往往是他的选择。在向梦想迈进的过程中，首先要做好你的人生选择，明确自己的人生航向，这样你才能在正确的方向上做正确的事，快速抵达成功的彼岸。

无效的坚持不如正确的选择

一个非常干练的推销员，他的年薪有六位数。很少有人知道他原来是历史系毕业的，而且在干推销员之前还教过书。

这位成功的推销员这样回忆他前半生的道路：“事实上我是个很没趣的老师。由于我的课很沉闷，学生个个都坐不住，所以，我讲什么他们都听不进去。之所以是没趣的老师，是因为我已厌倦了教书生涯，毫无兴趣可言，但这种厌倦感却在不知不觉中也影响到学生的情绪。最后，校方终于不与我续约了，理由是我无法与学生沟通。可以说，我是被校方免职的。当时，我非常气愤，所以痛下决心，要走出校园去闯一番事业。就这样，我才找到推销员这份我能够胜任并且乐意从事的工作。

“真是‘塞翁失马，焉知非福’，如果我不被解聘，也就不会振作起来！基本上，我是很懒散的人，校方的解聘正好惊醒了我的懒散之梦。因此，到现在为止，我还是很庆幸自己当时被解雇了。要是没有这番挫折，我也不可能奋发图强起来，并闯出今天这个局面。”

有人认为：如果没有成功的希望，屡屡试验是愚蠢的、毫无益处的。诺贝尔奖得主莱纳斯·波林说：“一个好的研究者知道应该发挥哪些构想，而哪些构想应该丢弃，否则，会浪费很多时间在差劲的构想上。”有些事情，你虽然付出了很大的努力，但你或许会发现自己处于一个进退两难的地位，你所走的路也许只是一条死胡同。这时候，最明智的办法就是及时抽身退出，去研究别的项目，寻找成功的机会。

牛顿早年痴迷于研制永动机。在进行了大量的实验之后，他很失望，但他很明智地退出了对永动机的研究，在力学中投入更大的精力。最终，许多永动机的研究者默默而终，而牛顿却因摆脱了无谓的研究，而在其他方面脱颖而出。坚持是一种良好的品性，但在有些事上过分坚持，会导致更大的浪费。

在人生的每一个关键时刻，都要审慎地运用智慧，做最正确的选择。选择正确方向，同时别忘了及时检视选择的角度，适时调整。抛弃错误的选择，冷静地用开放的心胸作正确抉择。正确无误的选择将指引你走在通往成功的大道上。

降低错误选择的出现概率

美国小伙子杰克看中了韩国姑娘金善姬，便一直追着不放。最后，金善姬辞掉了工作，跟杰克结了婚，回美国定居了。

“我放弃了那么好的工作，远离父母跟随你到美国来，这可是我为你作出的牺牲呀！”金善姬说。她以为这样说能把杰克感动，没想到杰克这么回答她：“我不认为这是什么牺牲，在我看来这只是你的一种选择。”

金善姬后来才认识到，美国人在人际交往中，只会尊重你的选择，而不会承认你的牺牲。这就意味着：你作出的所有决定，都必须符合你自己的心愿，符合自己的心愿才能成为自己的选择。这样与人打交道，才会拥有真正的平等，同时也才能赢得他人的尊重。

杰克是一位通晓六国语言的医生，在美国很容易赚钱的，他工作一小时就有80美元的收入。但是金善姬却跟国内的朋友说：“我必须工作，必须学会自己赚钱。如果没有经济上的独立，就不可能做出真正符合心愿的选择，也就不可能赢得他长久的尊重。”可以说，金善姬作出了自己正确的选择。

你是否曾埋怨过别人？但事实上你可能错怪了别人，是你的决定使你面临今天的结果——也许你自己做决定，也许你决定由别人为你做决定。

有些人做正确的选择与决定，有些人做错误的选择与决定，但大多数人都不知道他们有权选择，或是轻易将选择权拱手让人，而且大部分的人也不喜欢别人为他们做的决定。千万不要成为这样的人。

有的人希望自己工作得更顺利、更快乐，但他总是在做自己不喜欢的工作，即使再努力也很难取得大的成就，这是他的错误选择，因为他明明可以换工作；有的人希望自己身体更健康、更强壮，但他总是说他没有时间运动，导致身体虚弱，这是他的错误选择，因此他即使大包保健药品不离手也仍是无法收获健康；有的人希望自己家庭更幸福、小孩更听话，但他总是跟太太吵架，导致小孩学业跟不上，这是他的错误选择，因为他明明可以在控制情绪中花时间教育小孩；有的人希望自己人际关系更好，但他总是说他朋友少，这也是他的选择，因为他可以让自己多交一些朋友，但他不去交；有的人希望自己赚更多的钱，但他总是抱怨收入不够多，他明明可以更努力地去赚更多的钱，但他却不努力，这是他的错误选择。

若想拥有一个成功的人生，我们必须降低错误选择的出现概率，减少因错误选择导致的风险。这就必须预先明确你人生中想要的结果是什么，并且为这个结果做出自己的选择。明确你人生想要的结果是什么，这本身就是一个选择。

方向比速度重要，选择比努力重要

在这个世界上，通向成功的道路何止千万条，但你要记住：并不是每条路都适合你去走。你必须先选择一条正确的路，然后努力前行，最终才能收获丰盈的人生。

其实，就一生来讲，失败的人和成功的人努力差不多，甚至很多在职业发展上并不顺利的人非常努力，一些不怎么努力的人反而顺风顺水，仿佛很轻易就成功了。

多种可能性逼迫我们在众多的选择中作出决定，这几乎成了现代人永恒的困境。有自由才有选择，这是社会的一种进步，但当选择真的来临时，我们常常作出错误的决定，使出“昏招”。

正确的选择是如此重要，然而你会发现，现实生活当中的很多人在面临选择的时候竟然会非常轻率。一个人花在影响自己未来命运的工作上的精力，竟比花在购买衣服上的心思要少得多，这是一件多么奇怪的事情，尤其是当他的未来幸福和富足全部依赖于这份工作时。几乎没有人会认为自己是错误的——没有人会故意作出一个不利于自己的决定。他们之所以选错，往往是由于不懂得如何选择。很多人认为自己无法了解自己到底适合做什么工作，只好换来换去，希望能在过程中找到自己的兴趣所在，但走了许多弯路，前途依然渺茫。

所以我们要认真选择，选择不对努力就会白费。这和企业发展是一个道理，方向比速度更重要，在没有选对明确的方向以前，单纯地谈速度是没有太大意义的，甚至有时等待优于行动。没有明确选择的行动就是我们平时所说的瞎折腾，瞎折腾的结果就是混乱以及失败。

一个选择，决定一条道路；一条道路，到达一方土地；一方土地，造就一种生活；一种生活，形成一个命运。

可以说，选择失误是人生最大的失误。一旦作出错误的选择，你就会在错误的方向上做着无谓的努力，走尽弯路，徒耗精力，劳而无功。只有选择正确了，你才能沿着正确的方向前进，你的努力才有效果。作出一个正确的选择，就可以多一些成功的机会，少一些挫折的坎坷。

在正确的方向正确地努力

西方有句谚语：如果连你自己也不知道你要到哪里，往往你哪里也到不了。一个人应该知道自己适合做什么，应该做什么。选择重于努力，只有尽早地选择并确定自己的职业目标，设计自己的职业发展道路，才能在自己的职业道路上获得成功。

比塞尔是西撒哈拉沙漠中一个不大的村庄，它坐落在一块1.5平方公里的绿洲旁，可是在肯·莱文1926年发现它之前，这儿的人没有一个走出过大沙漠。肯·莱文作为英国皇家学院的院士，当然不相信这种说法。他用手语向这儿的人问其原因，结果每个人的回答都是一样：从这儿无论向哪个方向走，最后都还是要转到这个地方来。

为了证实这种说法的真伪，他做了一次实验，从比塞尔向北走，结果三天半就走了出来。比塞尔人为什么走不出来呢？肯·莱文非常纳闷，最后他只得雇一个比塞尔人，让他带路，看看到底如何？他们带了半个月的水，牵上两匹骆驼，肯·莱文收起指南针等现代化设备，只拄着一根木棍跟在后面。十天过去了，他们走了数百英里的路程，第十一天的早晨，一块绿洲出现在眼前。他们果然又回到了比塞尔。这一次肯·莱文终于明白了，比塞尔人之所以走不出沙漠，是因为他们根本不认识北斗星。在一望无际的沙漠里，一个人如果凭着感觉往前走，他会走出许许多多、大小不一的圆圈，最后的足迹十有八九是一把卷尺的形状。比塞尔村处在浩瀚的沙漠中间，方圆千里内没有一点参照物，若不认识北斗星又没有指南针，想走出沙漠，确实是不可能的。

肯·莱文在离开比塞尔时，带了一位叫阿古特尔的青年，这个青年就是上次和他合作的人，他告诉这位小伙子，只要白天休息，夜晚朝北面那颗最亮的星走，就能走出沙漠。阿古特尔跟着肯·莱文，三天之后果然来到了大漠的边缘。现在比塞尔已是西撒哈拉沙漠中的一颗明珠，每年有数以万计的旅游者来到这儿，阿古特尔作为比塞尔的开拓者，他的铜像被竖在小城中央。铜像的底座上刻着一行字：新生活是从选定方向开始的。

能否选择明确的人生目标是成功者与平庸者的分水岭。如果没有目标，你就会像在浩瀚沙漠中完全凭着感觉摸索的比塞尔人一样，只能是漫无目的地曲折前行，而且最终可能发现，自己又回到了起点；或经过多年的辛勤努力后，却两手空空，一无所获。无论你年龄多大，真正的人生之旅，是从设定目标那一天开始的，以前的日子，只不过是在绕圈子而已。当然，你向目标挺进的过程，有可能是一个职业长跑的“马拉松”，你或许会懈怠，或许会放弃。同样，在现实中，我们做事之所以会半途而废，这其中的原因，往往不是因为目标难度较大，而是觉得成功离我们太远。所以，你制定目标的时候，应该把你的职业生涯的最终目标分解成一个个的阶段性目标。这样的话，只要你持之以恒，执着地一个一个目标去实现，那么，你的职业生涯的总目标也一定能够实现。

行成于思，思考越多选择越有效

从某种程度上讲，成功是“选择”出来的。只有善于思考，敢于选择，善于选择，才会是成功者的候选人。杰出人士往往善于选择，把别人难以办成的事办成，把自己本来办不成的事办成。

如果你想要少做一些工作但仍能得到想要的东西，那么你就一定要比普通人思考得更多，作出最恰当的选择。当然，如果你的选择本来就是错误的，那再多的思考也是无益。你所想的一定要具备高质量、积极向上并具有创造性。

平庸的人往往不是懒得动手脚，而是不爱动脑筋，这种习惯导致他们作出了无效的选择，制约了他们的发展。相反，那些优秀的人无一不具有善于思考的特点，善于发现问题、解决问题，不让问题成为人生难题。可以讲，任何一个有意义的构想和计划都是出自于思考。一个不善于思考的人，会遇到许多举棋不定的情况；相反，正确的思考者却能运筹帷幄，作出正确的选择。

1999年盖茨在接受中央电视台专访时谈到他作为微软公司的总裁，再也没有编写软件的时间了。但是无论多么忙，他每周总会抽两天时间，到一个宁静的地方呆一呆。为什么呢？他说，面对繁重的工作和激烈竞争的IT市场，他作为管理者，不能把精力浪费在烦琐的小事上，他必须在专门的时间去思考，以作出具有战略意义的决策。

可以看出，成大事者不善于思考是不行的。只有专注的思考才能集聚自身的力量、勇气、智慧等去攻克某一方面的难题，选择才能取得良好的效果。

所有计划、目标和成就，都是选择的产物。你的选择能力，是你唯一能完全控制的东西。你可以一种方式，或是以多种方式进行选择，但不管如何选择，只要选择了，就会产生一定的结果，这种结果，要么是成功，要么是失败。因此，要想使你的选择产生积极的效果，就要在选择前多加思考。没有正确的思考，你不可能克服坏习惯，也避免不了挫败。

一个人要想做好人生中的选择，做出一番特别的事业，必须善于思考。思考越多，越周密，越能提高选择正确的概率。我们的选择决定我们的行动，决定我们所做的努力是否有成效。正确的选择，让我们在正确的方向上做出正确的努力，从而不断前进，走向成功。

第三章

选择的高度决定人生的高度

选择要有“自知之明”

人贵在了解自己，这是一种明智，是一种美好的境界。我们往往在还没有衡量清楚自己的能力、兴趣、经验之前，就作出了自己的选择，随后向着目标奋进。久而久之，生活变成了负担和苦闷，每天受尽辛苦和疲惫的折磨，而不是充实和享受。殊不知，这是一种不理智的选择。选择应从了解自己开始。

杨振宁青年时期喜爱物理，而且想成为一个实验物理学家。1943年，杨振宁赴美留学时，就立志要写一篇实验物理论文。然而，在实验室工作的近20个月中，杨振宁的物理实验进行得非常不顺利，做实验时常常发生爆炸，以至于当时实验室里流传着这样一句笑话：哪里有爆炸，哪里就有杨振宁。此时，杨振宁不得不痛苦地承认，自己的动手能力比别人差！

被誉为“美国氢弹之父”的泰勒博士一直在关注着杨振宁。一天，他直率地对杨振宁说：“我认为你不必坚持一定要写一篇实验论文，你已经写了一篇理论论文，我建议你把它充实一下作为博士论文，我可以做你的导师。”杨振宁听了泰勒的话，心情十分复杂。一方面，他从心底深处感到自己做实验确实力不从心；另一方面，他又不甘服输，非常希望通过写一篇实验论文来弥补自己实验能力的不足。

杨振宁认真思考了两天。他想起在厦门上学时的一件事：有一次上手工课，杨振宁兴致勃勃地捏了一只鸡，拿回家给爸爸妈妈看，爸妈看了笑着说："很好，很好。是一段藕吧？"往事一件接一件地在他的脑海浮现，他不得不承认，自己的动手能力实在不强。杨振宁接受了泰勒的建议，放弃写实验论文。从此，他毅然把主攻方向转至理论物理研究，最终于1957年10月与李政道联手摘取了该年的诺贝尔物理学奖。

当然，有时候，兴趣并不能代表一切，一个人的"发光点"不是简单的爱好所能决定的，要真正地认识自己，还必须了解自己的性格，因为性格对于一个人的发展影响深远。某些特定性格的人比较适合于从事某些特定的工作；而某些特定的工作也需要一定性格特征的人来从事。例如，以理智去衡量一切并支配其行动的人，比较适合于从事某项理论的研究工作；而那些情绪波动较大，情感因此较为浓重的就不大适合于从事理论研究工作，否则对理论研究的严肃性和严密性会造成一些消极影响。又比如，交往性的工作或管理工作比较适合于性格活泼好动、敏感、喜欢交际的人去从事；难度较大的工作则适合于精力旺盛、具有直率热情性格的人去从事，等等。

性格对人生坐标的影响也并不是绝对的，我们往往还需要结合自身的智力水平，包括社交能力、抽象思维能力和实际操作能力等去综合考虑自己的发展方向。

定位对了，选择就对了

一生中我们要做很多大大小小的选择，可是选择的出发点是什么呢？是对自己的定位。

你要认识自己，知道什么适合自己，自己期待着怎样的结果，然后才去作选择，量身定做的选择才最适合自己。当然这不是一次可以完成的，不仅要在反馈基础上做好自我动态调节，也要借助别人对自己的中肯意见。

有两件学林逸闻值得我们深思。一是有关著名史学家方国瑜的。他小时除刻苦攻读学堂课程外，还利用节假日跟从和德谦先生专攻诗词。他钦佩李白、羡慕苏轼，企望自己有朝一日也能成为一名诗人。但一晃六七年，却始终未能写出一首像样的诗词。1923年，他赴京求学，临行时和德谦先生诵《玉阮亭》“诗有别才非先学也，诗有别趣非先理也”之句以赠，指出他生性质朴，缺乏“才”“趣”，不能成为诗人，但如能勉力，“学理”可就，将能成为一个学人。方国瑜铭记导师之言，到京后，师从名家，几载治史，就小有成就，后来著成《广韵声汇》和《困学斋杂著五种》两本书。从此他立定志向，终生服务于祖国史学研究。

著名史学家姜亮夫也有类似的经历。1926年，他考入清华大学国学研究院。当时他极想成为“诗人”，把自己在成都高等师范读书时所写的400多首诗词整理出来，去请教梁启超先生。不料梁启超毫不客气地指出他囿于“理性”而无才华，不适宜于文艺创作。姜亮夫回到寝室用一根火柴将“小集子”化成灰烬。诗人之梦醒了，从此他埋头攻读中国历史、语言学、楚辞学、民俗学等，取得一系列成果，可谓“失之东隅，收之桑榆”。

人首先应该给自己一个定位，自己到这个世界上来究竟是干什么的，必须有个十分清晰的描述。离开了这个描述，人就会迷茫，就会失去前进的方向，就会在一个个十字路口徘徊，做出不恰当的选择，而这样的人生是没有意义的。

研究自己的目的就是要更清楚地认识自己，找到与自己的素质相对应的目标。凭着自己素质上的信号找到这一目标后，作出正确选择，才能攻其一点，攻出成果，由此及彼，不断扩大。

你的闪光点就是你的人生坐标

正当20世纪30年代美国经济大衰退的时候，里根在堪萨斯州一个公众游泳池做救生员。他经济拮据，无方向感，一事无成，不知所措。

有一天，当地的一位名人爱斯杜拿到那里游泳，与里根闲谈起来，这位先生一向是以乐观自信著称的。

“经济衰退的情况不会是永恒的。有志向上的年轻人应该懂得把握好这个时机，在这段时间内学习创业的窍门；当经济开始复苏，机会的大门便会打开，而这些懂得把握时机的年轻人便会成为国家未来的主人翁。”爱氏对里根说。

里根那个时候最关注的是一个月后是否会失业，根本就没有兴趣去聆听这些“过分乐观”的话语。

“年轻人，你喜欢在未来的数十年做些什么工作？”爱氏没有在意里根那无奈的表情，继续追问。

“先生……我没有想过。”刚刚满20岁的里根怯懦地说。

“没有想过现在就要好好地想一想。”这位善良的长者丝毫不肯放松。里根本来想告诉爱氏他的志愿是当演员，但他没有这个胆子，于是，他说：“我希望做一个电台的体育评述员。”爱氏接下来的一番话，对里根的一生有着决定性的影响。

“你要相信自己——只要你肯做，你就会做到。每一个人都可以有美好的将来——只要他找准自己的闪光点，之后肯尝试、肯努力！”

就是因为这句话，堪萨斯州的洛维汝公园少了一个救生员，而美国多了一位伟大的总统——由穷救生员到三流演员到加州州长再到美国总统，里根终于实现了人生的超越。

里根日后的成功，就在于他发掘出自己的闪光点，并持续不懈地尝试努力、挑战人生。

一个人无论干什么工作或从事什么职业，只要是有了兴趣，他就能发挥自己的思维力、想象力和创造力，所以我们在认识自我时，首先要了解自己的兴趣所在，这对于发掘我们自己的闪光点有着至关重要的意义。

要想选择好人生，就要发掘自己的闪光点。你的发光点，其实就是你在自己的人生道路上为自己所选定的人生坐标。找准了这个坐标，你就能够轻松地选对适合你的路，并且充分发挥自己的聪明才智，实现你的人生价值。

总之，选择需要量身定做，一个人只有在真正认识自己的“闪光点”时，才能全面、客观和公正地评价自我，才能少走弯路，多一点成功的把握。

选择，合适的就是最好的

卡耐基曾经这样总结自己的教训：

当我由密苏里州的乡下到纽约去的时候，我进了美国戏剧学院，希望做一名演员。我当时有一个自以为非常聪明的想法，一条到达成功的捷径，这个想法非常简单，也非常完美，所以我不懂得为什么成千上万富有野心的人居然没有发现这一点。这个想法是这样的，我要去学当年那些有名的演员怎样演戏，学会他们的优点，然后把每一个人的长处学下来，使自己成为一个集所有优点于一身的名演员。多么愚蠢！多么荒谬！我居然浪费了很多时间去模仿别人，最后终于明白，我一定得维持本色，我不可能变成任何人。我对自己说：‘你一定得维持自己的本色，不论你的错误有多少，能力多么有限，你也不可能变成别人。’于是，我不再试着做其他所有人的综合体，而卷起我的袖子来，做了我最先就该做的那件事：我写了一本关于公开演说的教科书，完全以我自己的经验、观察，以一个演说家和一个演说教师的身份来写。

卡耐基取得了成功，因为他终于明白了自己的社会角色，及时调整了自己的方向，从适合他自己的角度来从事社会活动。

一个人如果竭尽全力去做一件事，而最终却失败的原因并不是他没有能力把事情做成功，而是因为他选择的事情不太适合自己。

生活中有许多人正在从事与自己天性格格不入的职业，而做自己不擅长的事情往往会徒劳无益。因为这些人总是相信，投身于时下最为热门的行业，就俨然处于社会光环的中心，就会得到权力、地位和财富，实现自我的价值。不过，等他们花尽毕生的力气追求之后，他们才恍然大悟，原来自己真正应该做的事情没有做，自己所追求的很多热门根本不适合自己，或者根本就没有意义。

一个人只有找到适合自己的位置，选择适合他的工作时，才有可能获得理想的成功。就像一个火车头一样，它只有在铁轨上才是强有力的，一旦脱离轨道，它就寸步难行。

我们必须让自己处在真正适合自己的位置上，完成所应该完成的工作，承担应该承担的职责。如果你的天赋和内心要求你从事木工工作，那么你就做一个木匠；如果你的天赋和内心要求你从事医学工作，那么你就做一个医生。如果你没有任何内在的天赋，或者内在的呼声很微弱，那么，你就应该在你最具适应性的方面和最好的机会上慎重地作出选择。

二十几岁的选择决定你的一生

美国的哈佛大学曾经对一群智力、环境、学历等客观条件都相似的年轻人，做过一个长达25年的跟踪调查。调查结果发现：27%的人，没有目标；60%的人，目标模糊；10%的人，有清晰但比较短期的目标；3%的人，有清晰且长期的目标。

25年后，这些调查对象的生活状况如下：27%没有目标的人，几乎都生活在社会的最底层，生活状况很不好，经常处在失业状态，靠社会救济生活，并且时常抱怨别人、社会、世界。60%目标模糊的人，几乎都生活在社会的中下层面，能安稳地工作与生活，但都没有什么突出的成绩。10%有着很清晰短期目标的人，大都生活在这个社会的中上层。他们的共同特征是：那些短期目标不断得以实现，生活水平稳步上升，成为各行各业中不可缺少的专业人士，如医生、律师、工程师、高级主管等。3%有清晰且长远目标的人，25年来几乎都不曾改变过自己的人生目标，并向实现目标做着各种不懈的努力。25年后，他们几乎都成了社会各界顶尖的成功人士，其中有白手创业者、行业领袖、社会精英。

据此，调查者得出结论：目标对人生有着巨大的导向性作用。成功，就是从你开始选择一种目标的时候开始，你选择什么样的目标，就会有什么样的一个人生。

假如能尽早做好人生的选择，选择好奋斗的目标，人生成功的机会也就降临的越早。如果你想在30以后获得成功，那么他就要在二十几岁就要做好自己的选择，确立好自己的人生目标。目标既是我们成功的起点，也是衡量是否成功的尺度。

世界顶级潜能大师作者曾经这样说：“有什么样的目标就有什么样的事业和人生。”这就是目标的效力。

你如果给自己定下了一个目标后，目标就会在两个方面起作用：它既是努力的方向，也是对你的鞭策。目标给了你一个看得见的射击靶。随着你努力实现这些目标，你会有成就感。对许多人来说，制定和实现目标就像一场比赛。随着时间的推移，你实现了一个又一个目标，这时你的思想方式和工作方式也会渐渐改变。因此，在如今的这个时代里，有什么样的目标就有什么样的成就。

所以，当你规划自己的事业时，要及时选择好自己的奋斗目标，这样你就可以集中精力，专注目标，努力奋斗，早日取得成功，而不会漫无目的，荒废时间，以至一生碌碌无为。

总之，人生选择和规划制订得越早、步骤越详细，越能早日实现自己的梦想。找准自己的人生定位，然后朝着这个目标坚定不移地前进，努力将一口井挖深，那么，你一定能取得事业上的成功，实现自己的远大理想，并找到属于自己的幸福。

选择一个高起点改变人生命运

选择改变命运。在人生的旅途中，起点的高低很重要，选择一个较高的起点就可以更顺利地走向成功。做一件事，选对了起点就等于开创了美好结局的一半；实现一个目标，选好了起点就等于缩短了与成功的距离。

起点有高有低，有大有小，有好有坏，有远有近。起点低一点，从底层做起，一步一步前进，看起来很务实，但是也可能会前途黯淡，不可预期，使自己丧失最初的希望和热情，迷失方向。

有一种人被称为“陷入固定模式者”，就是每天一成不变地工作生活着，马不停蹄，对自己的工作和生活方式习以为常，并且慢慢地被这种僵化的生活吞噬掉。而且物以类聚，人以群居，如果永远处在底层，与一些小人物为伍，就很难有大成就；而居于更高的起点，则能给自己一个更远大的理想。

因此，在职位上努力向上攀登十分重要，对长远发展也是意义深远的。只要你能登上一个高职位，就有机会将周围模糊不清的东西看得更清晰。

跳槽之后，你在新的单位里翻开了自己人生中新的一页，与先到的同事相比，无疑你是处于零起点上。这是不是就意味着一切从头做起呢？如果这样，你以往的一切付出都等于白费，损失太大了。你应该尽量把这个起点抬高，而你的资本是你过去的经验，不论你过去从事的工作与现在有什么不同，但就如何待人处世、把握自己等许多方面都可以总结出有价值的东西。

小陈毕业后，先是做了一份网站编辑的工作。但是尽管做了两年时间，他仍然看不到任何升迁机会，自己顶多算是一位资深编辑。

工作过程中，他发现自己对网站设计非常感兴趣，而且网站设计工作要比网站编辑的前途更明朗。于是小陈报名参加了一个网站设计培训班，尽管没有任何相关工作经验，他还是勇敢地在一些招聘网站上投出简历应聘网站设计工作。

令人鼓舞的是，他获得了成功，在某家小型旅游网站找到了一份网站设计工作，以此为起点，小陈的事业越来越顺遂。

五年后，小陈已经成为一家网站的网络部总监，而最开始曾与他共事的同事很多仍在做着网络编辑的工作。

难得的是，这次成功使他获得了比其他网络编辑高出一级的脱颖而出的机会。虽然只升了一级，但对小陈来说，这一级非常关键。从这个例子中，我们不难看出，选择决定命运。在职场中，如果你能选择一个更高的起点，就会在竞争中处于更有利的位置，获得他人难以获得的机会，会上升得更快。然而在现实中，很多人还是难以逃离从底层一步步攀升的宿命。要想在竞争中抢占先机，占据更有利“地形”，你需要有抬高自己身价的意识。这样才能在竞争中脱颖而出。

选择的格局，人生的结局

1969年，从小就喜欢吃汉堡的迪布·汤姆斯在美国俄亥俄州成立了一家汉堡餐厅，并用女儿的名字为店起了名——温迪快餐店。在当时，美国的连锁快餐公司已比比皆是，麦当劳、肯德基、汉堡王等大店已是大名鼎鼎。与他们比起来，温迪快餐店只是一个名不见经传的小弟弟而已。

迪布·汤姆斯毫不因为自己的小弟弟身份而气馁。他从一开始就选择了一个高起点，他为自己制定了一个高目标，那就是赶上快餐业老大麦当劳！

20世纪80年代，美国的快餐业竞争日趋激烈。麦当劳为保住自己老大的地位，花费了不少心机，这让迪布·汤姆斯很难有机可乘。一开始，迪布·汤姆斯走的是隙缝路线，麦当劳把自己的顾客定位于青少年，温迪就把顾客定位在20岁以上的青壮年群体。为了吸引顾客，迪布·汤姆斯在汉堡肉馅的重量上做足了文章。在每个汉堡上，他都将其牛肉增加了零点几盎司。这一不起眼的举动为温迪赢得了不小的成功，并成了日后与麦当劳叫板的有力武器。温迪一直以麦当劳作为自己的竞争对手，在这种激励中快速发展着自己。终于，一个与麦当劳抗衡的机会来了。

1983年，美国农业部组织了一项调查，发现麦当劳号称有4盎司汉堡包的肉馅，重量从来就没超过3盎司！这时，温迪快餐店的年营业收入已超过了19亿美元。迪布·汤姆斯认为牛肉事件是一个问鼎快餐业霸主地位的机会，于是对麦当劳大加打击。他请来了著名影星克拉拉·佩劳为自己拍摄了一则后来享誉全球的广告：

广告说的是一个认真好斗、喜欢挑剔的老太太，正在对着桌上放着的一个硕大无比的汉堡包喜笑颜开。当她打开汉堡时，她惊奇地发现牛肉只有指甲片那么大！她先是疑惑、惊奇，继而开始大喊："牛肉在哪里？"不用说，这则广告是针对麦当劳的。美国民众对麦当劳本来就有了许多不满，这则广告适时而出，马上引起了民众的广泛共鸣。一时间，"牛肉在哪里？"这句话就不胫而走，迅速传遍了千家万户。在广告取得巨大成功的同时，迪布·汤姆斯的温迪快餐店的支持率也得到了飙升，营业额一下子上升了18%。

凭借紧盯麦当劳的不懈努力，温迪的营业额年年上升，1990

年达到了37亿美元，发展了3 200多家连锁店，在美国的市场份额也上升到了15%。直逼麦当劳，坐上了美国快餐业的第三把交椅。

美国伯利恒钢铁公司的建立者齐瓦勃出生在美国乡村，只受过很短的学校教育。尽管如此，齐瓦勃却雄心勃勃，无时无刻不在寻找着发展的机遇。他相信，自己一定能做成大事。

18岁那年，齐瓦勃来到钢铁大王卡内基所属的一个建筑工地打工。一踏进建筑工地，齐瓦勃就抱定了要做同事中最优秀的人的决心。

一天晚上，同伴们都在闲聊，唯独齐瓦勃躲在角落里看书。这恰巧被到工地检查工作的公司经理看到了，问道："你学那些东西干什么？"齐瓦勃说："我想我们公司并不缺少打工者，缺少的是既有工作经验、又有专业知识的技术人员或管理者，不是吗？"有些人讽刺挖苦齐瓦勃，他回答说："我不光是在为老板打工，更不单纯为了赚钱，我是在为自己的梦想打工，为自己的远大前途打工。"抱着这样的信念，齐瓦勃一步步向上升到了总工程师、总经理，最后被卡内基任命为钢铁公司的董事长。最后，齐瓦勃终于自己建立了大型的伯利恒钢铁公司，并创下了非凡业绩。凭着自己对成功的长久梦想和实践，齐瓦勃完成了从一个打工者到创业者的飞跃。

苏联伟大的文学家高尔基说："一个人追求的目标越高，他的才能发展得就越快，对社会就越有益。"树立一个崇高的目标，就意味着你站在一个更高的起点之上。

设定一个高目标就等于达到了目标的一部分。目标高，意味着你的起点就高。开始时心中就怀有一个高的目标，意味着从一开始你就知道自己的目的地在哪里，以及自己现在在哪里。朝着自己的目标前进，至少可以肯定，你迈出的每一步都是方向正确的。一开始时心中就怀有最终目标会让你逐渐形成一种良好的工作方法，养成一种理性的判断法则和工作习惯。如果一开始心中就怀有高远目标，就会呈现出与众不同的眼界。

有了一个高远的奋斗目标，你的人生也就提高。可以说，选择的格局，决定人生的结局。如果思想苍白、格调低下，生活质量也就趋于低劣；反之，生活则多姿多彩，尽享人生乐趣。

远大的志向是成功的磁石

戴玉强是中国杰出的男高音，是世界著名男高音歌唱家——帕瓦罗蒂在亚洲的唯一弟子。从美国的波特兰歌剧院到英国的科文特皇家歌剧院，戴玉强以他那刚劲奔放、流畅华美的高音，令世界的听众折服。许多记者采访时都对他说：“戴老师，您能取得今天的成绩实在是太了不起了。”对于人们的夸奖，戴玉强笑着表示直到今天也没觉得自己有多了不起：“就像打字员、公务员、清洁员一样，演员也不过就是一个职业。我不跟人争，只跟自己争。我宁愿累死在舞台上，也不愿平平淡淡过一生。”

戴玉强出身于普通农民家庭。高中的时候经常听收音机，于是对音乐产生了浓厚的兴趣，并且立下了要将音乐作为一生从事的事业来对待的志向。为了实现自己的理想，他忍受了常人难以想象的困难：寒冬腊月租住在一个阁楼，一边哆嗦，一边练歌；一段时间没有工作，常常要忍饥挨饿；同时，还要受到周围人的嘲笑、讽刺……但是他选择的志向从未发生动摇。艰难困苦成为催他奋进的动力，最终，戴玉强站在了世界最高的舞台上。

能实现自己志向的人，对他个人而言，他是一个成功者，也是一个幸福者。志向是成功的必要条件，但是仅仅拥有志向，你不一定能得到成功；不过如果没有志向，成功对你而言就无从谈起。

远大的志向能吸引人努力为实现它而奋斗不止。每当你懈怠、懒惰的时候，志向会犹如清晨叫早的闹钟，将你从睡梦中惊醒；每当你感到疲惫、步履沉重的时候，志向就似沙漠之中生命的绿洲，让你看到希望；每当你遇到挫折、心情沮丧的时候，志向又犹如破晓的朝日，驱散满天的阴霾。在志向的驱策下，人们能不断地激励自己，获得精神上的力量，焕发出超强的斗志。能执着于自己志向的人是不可打败的。

一个人如果没有志向，就像船没有舵一样，在茫茫的大海里是非常危险的，反之，一个人从小就立志，不论任何困难，只要朝着目标前进，总有一天会成功的。

志向决定了人的命运：想得最远的走得也最远，没有想法的只能在原地踏步。远大的志向是你伟大的目标。

志向是与一个人的愿望相联系的，是对未来的一种设想，它往往和目前的行动不直接联系。但志向又不能脱离现实的生活，现实生活中的某些现象如果符合了个人的需要，与个人的世界观一致，这些现实的因素就会以个人的理想的形式表现出来。理想总是对现实生活的重新加工，舍弃其中某些成分，又对某些因素进行综合的过程。

每个人的一生，都应该选定自己的志向，而这个志向一定要用意志和毅力来完成，不能因为一点点的小失败，就轻易放弃。

志存高远，世界因你的选择精彩

古希腊神话里有一则关于赫拉克勒斯和“恶德”及“美德”的故事。

赫拉克勒斯离开牧人们和他们的牧群去到寂静的地方，思考着他的生命的路途应当是怎样的。有一次，他坐着思考，看见两个高大的妇人向他走来。一个美丽、高贵而有礼貌，穿着雪白的长袍，她就是美德女神。另一个艳丽动人，她雪白的皮肤搽了香粉和香水，这就是恶德女神。

“赫拉克勒斯，”恶德笑着招呼，“假使你选择我做你的朋友，我将引导你走最平坦的路。那里到处充满着快乐，也没有战争，你将会舒舒服服地过一辈子。你将收获别人的劳动和果实，并得到一切对你有利的东西。”

同时，美德也来到面前。“如果你选择我指示给你的路，你将成为一切善良与伟大的事业中的卓越人物。要明白，人类不经过努力和辛苦，不会使他们有所收获的。假使你愿意收获，你必须耕种；假使你想战斗得胜，你必须学会战斗的技术；假使你能够支配你的身体，你也必须通过工作和流汗使它坚强。”

赫拉克勒斯想了想，毅然跟定了美德女神。这以后，他果然出生入死，在战胜无数毒蛇猛兽的过程中变得刚强无比，为人类屡建奇功，成了古希腊神话中最了不起的英雄！

赫拉克勒斯选择了美德，就是选择了正确的价值取向。

每个人都有选择的自由，你选择了什么样的人生道路，决定了你享有什么样的人生，不同的选择，会让人有着不同的命运。往往只是一念之差，便形成了两种不同的结果。也许会让你成为受人仰慕的成功者，被世人称赞；也许会让你成为被人遗忘的小人物。但这一切都源于你自己的选择。每个人都想要拥有一个成功的人生，但要想成功就要从选择崇高的人生目标开始。

一个具有崇高生活目的和思想目标的人，毫无疑问会比一个根本没有目标的人更有作为。有句苏格兰谚语说：“扯住金制长袍的人，或许可以得到一只金袖子。”那些志存高远的人，所取得的成就必定远远超出起点。即使你的目标没有完全实现，你为之付出的努力本身也会让你受益终生。

第四章

在选择和被选择之间作出选择

选择职业，还是选择事业

伟大的发明家爱迪生，几乎每天在他的试验室里辛苦工作18个小时，在那里吃饭、睡觉。可是，他丝毫不以这种生活为苦。为什么？因为他把人生的职业选择和事业奋斗的方向巧妙地重叠在一起了。

职业和事业其实并不是一回事：职业仅仅是一种谋生的手段，而事业则是人实现自我价值的途径。有些人之所以不成功，就是因为把二者完全混为一谈了。

布朗先生是美国有史以来最成功的电影制片人之一。但是，他却被三家大公司革过职，生活几度潦倒不堪。

最初在故乡N·弗洛姆文化出版公司，他凭着自己过人的艺术才干和不拘一格的文化经营胆略，仅用两年时间就坐到了公司的第三把交椅上，时年仅25岁。可是，因为一套全国农机企业营销网络丛书出版受挫，他与公司其他高层人士意见不合，最后被迫愤而去职。

在纽约，在新阿美利坚文库刚结束试用期的他，一跃升任为编纂部副总裁，令其他同仁无不惊羡。可是，几位“东家”一年后又延聘了一位财大气粗的圈外人加盟，而他和这个人在文库的艺术追求等大方向问题上，常常意见相左。不久，他又“因故”被辞退了。

回到加利福尼亚以后，他又进入了名闻遐迩的二十世纪霍士公司，在管理高层先后任职6年。但是，由于董事会不喜欢由他建议并主持拍摄的诸如《埃及妖后》等多部大制作影片，他再次被迫离职。

此后，布朗先生开始仔细回顾和检讨自己十多年来的职业路径——坦率地说，他的视野开阔、他的思想活跃、他的任人唯贤、他的秉公直言以及他的擅凭直觉行事，这些与生俱来的高贵品质、卓越胆识和艺术修养，不啻是成为美国乃至全球新娱乐时代一位成功老板的宝贵要件。可是，有哪一像公司真正需要他这样的老板呢?

布朗痛苦地分析了自己打工每每失败的根源所在之后，毅然决定贷款30万美元，开始自立门户。很快，他就拍摄出《大白鲨》《裁决》《天茧》等一系列巨片，带给美国和世界影坛一次又一次震撼。

在职业的道路上，布朗是个屡战屡败的公司行政人员；在事业的奋斗中，布朗又成为一位成功的企业家、出色的大老板。也许很多人会对此感到奇怪，其实这是再合理不过的事情了：因为他的职业选择和事业追求合二为一了。

选择职业时，要考虑这项职业是否你愿意并终身从事的事业，要与事业相结合起来。那些能够取得巨大成功的人，都是能够把自己的才干、兴趣、个性、处世风格与卓越的人生价值追求有机地融为一体的人。如果你也能像爱迪生和布朗那样，使职业和事业达到完美的统一，那就一定能取得最大的收获。

人生三岔路口如何做好选择

在你的奋斗生涯中，你可能会碰到许多岔路，选择哪条路，将会影响你的奋斗是成功还是失败。一旦选错，你的人生就会走尽弯路，最终一无所获。影响你的职业进程，甚至决定你一生的命运。

为了不偏离自己的方向，就要预先做好规划。职业是人生的重大课题，职业规划是人生的必修课。今天规划好自己的职业生涯，就是对你仅有一次的人生负责。一个好的职业生涯，就等于幸福人生的一半。

职业生涯规划就是指客观认知自己的能力、兴趣、个性和价值观，发展完整而适当的职业观念；个人发展与组织发展相结合，在对个人和外部环境因素进行分析的基础上，深入了解各种职业的需求趋势以及关键成功因素，确定自己的事业发展目标；并选择实现这一事业目标的职业或岗位，编制相应的工作、教育和培训行动计划，制定出基本措施，高效行动，灵活调整，有效提升职业发展所需的执行、决策和应变技能。职业生涯规划可以使个人在职业起步阶段成功就业，在职业发展阶段走出困惑，使自己的事业得到顺利发展，并获取最大程度的事业成功。

如果把一个人的职业生涯比做一次旅行，那么出发之前最好先设定旅游线路，这样就既不会错过梦想已久的地方，也不会千辛万苦却去了并不喜欢的景点。

为自己制订一个科学的职业生涯规划，就是构筑自己人生的宏伟大厦。每个人都有属于自己的美好愿望，而职业生涯规划就是让自己每天做的事情和自己的美好愿望形成一个科学的、紧密的连接。

有人制定的目标就像是蓝天上的一朵白云，美丽，浪漫，但是飘忽不定；也有人制定的目标像天空中的一轮明月，它也美丽，浪漫，但相距甚远，非有生之年所能达到的。

我们要把目标定成远处山冈上的一棵树，虽然脚下没有一条笔直的大道通向那棵树，但是我们坚信：只要不放弃，只要坚持去努力，就一定能走出一条路，到达那棵树，摘取成功的果实。这就是做好职业生涯规划的作用。

一个长远而科学的职业规划可以让我们少走弯路。越是趁早发现自己的职业兴趣、职业价值观、职业能力，就能越早地找到与自己匹配的目标工作，也越容易在这份工作中体会到幸福感。与其在职场中横冲直撞，到处碰壁，或是摸着石头过河，不如借助职业规划的帮助，适时地描绘出目标明确、道路清晰的职业生涯发展蓝图，然后集中精力去实现这个蓝图。

在多重选择中作出最佳选择

我们一般都有多种兴趣，我们所面对的选择是如此之多，以至于我们变得无所适从。

很多年轻人渴望了解什么样的职业才算是有前途的职业。对于一个成功的企业家而言，任何一个行业都能创造出丰厚的利润；但对于一个刚刚踏入社会的年轻人来说，选择不同职业，对于未来积累财富的速度和事业成功的概率会有不同的影响。

我们说一份职业比另一份职业更有前途，意味着从普遍意义上来说，从事这份工作能够使我们获得更多的提升和发展机会，或者收入水平会比做另一份工作更高些。但是，具体到每个人，判断其从事哪一份职业更有前途，情况要复杂得多。

在选择职业方面，我们要问自己的一个关键问题是：这个工作适合我吗？一份职业也许有前途，但是却并不一定适合你。譬如房地产是一个利润颇高的行业，但是，对于一个希望独立创业却缺乏资金的人来说也许并不适合，因为这个行业需要有雄厚的资本和深厚的社会关系。因此，我们不能仅仅分析一个行业的发展前途，更重要的应该分析自己在这个行业里是否有足够的发展空间。

人生总是充满了矛盾和缺憾，我们常常会发现，自己感兴趣的职业，其发展空间有限；那些存在着巨大发展空间的行业却往往并不适合自己。但是，毕竟我们的兴趣是广泛的，而且有许多潜能尚未被开发出来，社会能够提供的职业空间也在不断扩充。只要我们有足够的耐心，就能在兴趣、前途和适合自己的职业之间找到某种平衡。

寻找自己所钟爱的职业，依赖于你的热望和现实可行的工作之间的平衡。这样就形成了一个综合的价值评估体系——一个理想的职业本身就不是单一的（譬如个人爱好），而是一个由多种因素组合在一起形成的价值体系。我们将兴趣放在价值判断的第一位，是因为它对于个人未来发展影响深远，而且很容易被忽略的。

任何一个正确的选择都是基于对各种因素的综合平衡考虑，是平衡的产物。我们必须在现实和未来之间，在选择和被选择之间做出无数次选择，最终作出正确的选择。

选择转行，提防入错行

我国古代的格言“男怕入错行，女怕嫁错郎”，就是从人生选择的高度诠释了这个道理。尤其是前一句，男人“入错行”，虽然也可以转行，但也决非如想象的那么容易。

谈到转行，也许你会说，转行有什么难？也许你是可以说转就转的人，但恐怕绝大部分的人都做不到，因为一个工作做久了，习惯了，加上年纪大了些，有了家庭负担，便会失去转行的勇气。因为转行要从头开始，会影响到自己的生活，虽然那或许不是你自己真正想要的生活。另外，也有人心志已经磨损，只好做一天算一天。有时还会扯上人情的牵绊、恩怨的纠葛，种种复杂的原因，让你“人在江湖，身不由己”！

其实行行出状元，并不是说哪个行业不好，哪个行业才好，那为何又要提醒你“千万别入错行”呢？

找工作要睁大眼睛，找适合你的工作，找你喜欢的工作，找有发展性的工作，千万别因一时无业怕人耻笑，而勉强去做自己根本不喜欢或根本不适合自己的工作。人总是有惰性的，不喜欢的工作做了三两个月，一旦习惯了，就会被惰性套牢，不想再换工作了。一晃三年五年过去了，那时要再转行，就更不容易了。

虽说很多人的第一份工作是在匆忙之中选定的，为了生活，也许顾不了那么多。这份工作一日一日地做下去，一年两年过去了，人头熟了，经验也有了。有的人从此安安分分地上班；有的人则运用已经学到的经验，自己创业当老板；有的则转行，到别的天地里试试运气。

转行的想法90%以上的人都有过，光是想当然没什么关系；

但如果不只是想，而是真的要转，那么你就要三思而后行了。

虽然，这并不是说转行的人必定失败，天底下没有这么绝对的事，而事实上，转行后有好的发展的人也不少。但话说回来，转行后成就不如干老本行的人则更多。这些人有的还不死心地期待着“明天会更好”，有的则早已向后转，回到老本行去了。也许你会说：“我没有看到转行后失败的人！”真相是：人都好面子，别人转行失败会主动告诉你吗？

那么，转行之前要“三思”。“思”什么呢？有几个方向可以参考：

我的本行是不是没有发展前景了？同行的看法如何？专家的看法又如何？如果真的已无多大发展，有无其他出路？如果有人一样做得好，是否说明了所谓的“无多大发展”是一种错误的认识？我是不是真的不喜欢这个行业？这个行业根本无法让我的能力得到充分的发挥？换句话说：越做越没趣，越做越痛苦？对未来所要转换的行业的性质及前景，我是不是有充分的了解？我的能力在新的行业是不是能如鱼得水？我对新行业的了解是否来自客观的事实和理性的评估，而不是急着要逃离本行所引起的一厢情愿的自我欺骗？转行之后，会有一段时间青黄不接，甚至影响到生活，我是不是做好了心理准备？

如果一切都是肯定的，那么你可以转行！

不过，有很多事情常出人意料，事先的评估和判断都很好，真正做了才发现不如预期的那么顺利和乐观。转行也是如此，因此除非真的迫不得已，最好还是别转行。过于轻率或频繁地选择转行，可能会使你在哪里都无所积累，因而一生一事无成。

重新选择，拨正命运航向

所谓“条条大路通罗马”，人生的路原本有很多条，但并不是任何一条路都是最适合自己的。通常，一次性选择就能获得成功的人当然很幸运，因为这是出于个人的兴趣、爱好和毅力，并且较是地把握了“自知之明”。像贝多芬、莫里哀、梅兰芳等人，就属于这类为数不多的幸运者。

但是，对于更多的人来说，却并不是一下子就能认清自己的本质，选准努力的方向。人们只有经过社会实践的磨炼之后，才能逐渐找到适合自己的行业。

许多成就卓著的人士，他们的成功首先得益于他们充分了解自己的长处，根据自己的特长来进行定位或重新定位，最终找准了真正属于自己的行业。

著名诗人艾青，本来在法国学的是绘画，只是偶尔在速写本上记下几句闪光的诗句。偶尔被一位诗人看到了，自作主张地寄给一家杂志，那首诗竟被发表了。这才使艾青认识到了自己的诗才，从而登上文坛。

作家冯骤才在步入文坛之前，曾是一名专业球队的职业球员，球艺一般；后又去学画，也没有成果。但他在学画时偶尔也写些东西，终于发现自己擅长文学。此后，他一气呵成，写出了成名作《义和拳》。

阿西莫夫是一位科普作家，也是一位自然科学家。他的成功，同样得益于对自己的再认识、再发现。一天上午，当他坐在打字机前打字的时候，突然意识到："我不能成为第一流的科学家，却能够成为第一流的科普作家。"于是，他几乎把全部精力都放在了科普创作上，终于使自己成为当代世界最著名的科普作家。

伦琴原来是学工程科学的，他在老师孔特的影响下，做了一些物理实验。由此他逐渐体会到，这就是最适合自己干的行业。后来，他果然成了一位很有成就的物理学家。

法国生物学家拉马克，更是碰撞过多种职业才开始进入科学领域的。他本来准备当牧师，后来步入军界，走出军界后又做了银行职员，这期间他又研究音乐和医学。就在一次植物园的散步中，他幸运地碰到了卢梭。从此，他才进入了大有用武之地的生物科学界。

有些人并不了解自己的长处在哪里，而是只凭自己一时的兴趣和想法来选择行业，结果就会发生失误。对此，每个人都千万不要掉以轻心。

现在许多人都在自己并不喜欢甚至厌恶的岗位上工作着，干自己并不愿意干的工作。与其折磨自己，空耗人生，倒不如早做决断，另起炉灶，这样你就会更容易获得成功。

选择一个能实现你梦想的公司

公司是个人发展的平台，如果你渴望在职场中大展拳脚，就一定要选择一个适合自己的好公司。选择适合自己的公司对自己未来职业的发展很关键，所以每一个渴望获得职业发展和突破的人都应未雨绸缪、慎重考虑。

那么，如何才能选择到自己满意的好公司呢？你可以通过以下十条标准来评判公司的优劣，只要符合其中任何一条（如符合多条就更完美），那么就你可以考虑为该公司工作。

第一，不在于公司是否是世界五百强，而在于你再一次选择工作时，此次的工作经历能否为你的履历加分。

第二，不在于能学到圆滑世故的处世方式，而在于有一个相对简单的人际关系去专心做事。

第三，不在于这份工作本身是否趣味无穷，而在于它是否能让你感受到工作的激情并勇于向未知挑战。

第四，不在于能否让你立刻赚到很多钱，而在于能否让你学到可以赚钱的过硬本领。

第五，不在于你能否通过这份工作结识多少高层人士，而在于能否通过这份工作积累人脉，学会与人打交道。

第六，不在于工作环境是否足够奢华，而在于工作氛围是否舒服，并得到应有尊重和心灵自由。

第七，不在于公司的大小，而在于公司的信誉度。一个有诚信度的公司，才是能长久发展的公司。有发展的公司，才能给员工带来发展空间。

第八，不在于公司的现状，而在于公司的前景。如果你想在一个公司脚踏实地地干下去，那么对你影响最大的因素莫过于公司的发展前景了；而促进一个公司持续发展的动力源泉是企业文化，优秀的企业文化是公司拥有良好发展前景的前提。那么选择公司时，就要选择已经践行着优秀企业文化的企业。

第九，不在于你是否会犯错，而在于公司能否教会你下一次不再犯同样的错。

第十，不在于是否经常有出国培训的机会，而在于培训是否能让你有锻炼的机会，能否帮助你弥补致命的职业短板。

当然，无论最终你选择了哪个公司，都应该脚踏实地，勤学好问，做好工作。把握身边一切可以学习的机会——这种机会，不仅仅是业务上的逐步熟悉，更重要的是学会如何更快地融入社会，如何接受公司的文化，如何和同事协同并进，如何待人接物，等等。

每个人都渴望进入一个理想的公司，只要我们有足够的能力，想怎样选择自己的职业都可以，而且有许多机会可供我们自由选择。这同时也给我们带来了一个考验，那就是我们必须具备足够的就业竞争能力和足够选择公司的能力。对于求职者来说，成功除了机会的垂青外，更需要周密的准备。

选择一位带你共同成长的老板

俗话说，“良臣择主而事，良禽择木而栖。”这句话有很深刻的含义。要想在职业上获得成功，第一要目标明确清晰，知道到哪里去；第二要乘一艘好船，这样才有可能到达成功的彼岸；第三要找到合适的引路人，拓宽自己的职业之路。这就是说，第一要做自己的职业生涯规划；第二是要选择一个好公司，自己的职业舞台；第三是要选择一个好老板，让他带领你共同成长。

一位职场人士要想实现自己的梦想，必须一步一个脚印历练、积累，借助好老板提供给你的一个平台或舞台，磨炼自己，发挥自己的才干，最终达到目标，体现自己的价值。跟对人，走对路。

那么怎样的老板能带着你共同成长呢？

（1）具备远见卓识，将事业发展壮大，同时具有卓越的领导能力，发现、培养和发展下属，注重个人品性修养，凝聚一支铁杆优秀团队。这类人有，但比较少，可遇不可求，一旦遇到，要紧跟到底。

（2）有理想，有想法，身先士卒，渴望成功，但管理能力、品性修养一般，真心追随的人不多。这也是不错的老板，可以长期跟随。

（3）有强烈的事业心，视职业前途为生命。与这样的老板共舞，自己才可能有出头之日。他想把事业做大做强，需要大量追随者，为愿景的实现，他必须心胸宽广，他知道应该如何对待得力的下属。好老板懂得对下属最有效的管理手段是信任和授予权限。

（4）有领袖风范，坚韧果敢，有勇有谋，心胸广阔有容人之量，懂得如何培养人才、笼络人心。他只需具备领导艺术，而不必懂得专业技能。

（5）品行端正，不谋私利，不搞阴谋诡计。谁愿意扭曲心灵跟随无德之人？为他尽心竭力到头来没有好结局，成天处于惶恐之中，这可不是理想的职场环境。

选择一个好的老板，让他带动你一起成长，会发展与提升你创造价值的技能，而不仅仅是只要你干活；还会亲自指导与点拨你去做，把他的经验、知识、技能分享甚至传授给你。

总之，选择好老板才能避免明珠投暗之憾，跟对人才能做对事。如果你不希望自己的青春和热情被白白浪费，那么就努力选择一个英明老板，在成功路上大踏步前行吧！

选择生命中的贵人，缩短奋斗时间

常常有人感慨：想成就一番事业太难了！这话有一定的道

理，因为成功的路上有千难万阻，一般人的财力智力有限，难于成大业。但是，这句话也存在欠缺之处，很多人条件一般，却靠自己的努力和贵人相助，从而成就了一番事业。

李景全是香港有名的实业家，属于“新贵”一类。当年独立门户时，李景全只有18岁，他在创业过程中曾得到曾文忠的帮助。

小时候的李景全是个典型的“问题学生”，自称不是读书的料。中学没毕业，李景全就开始了自己人生的第一份工作——在一家电子公司当电子零件推销员。干了整整一年，这让他有机会与许多电脑行家混熟，还结识了一些从事电脑业的老板，包括他后来的贵人曾文忠等。这段工作经历使他对电脑产生了兴趣，萌发了自己创业当老板的念头。

18岁的李景全兴致勃勃地拿出2万元积蓄，和一位同事合伙在旺角租了一个300多平方英尺的地方，开了一家小型工厂，专替电脑商装嵌电路面板。

由于他不善于经营管理，不久之后，公司账面上便欠下了20多万元的债务。而公司资本只有4万元，一旦债权人逼债，那就只有破产倒闭了。

正在这时，曾文忠的出现为李景全的公司发展带来了突破。他于1985年与李景全合资设立新厂，这也成为李景全事业上的转折点。

1982年，曾文忠以6万港元创业，成为海洋商业系统公司董事、总经理。对电脑业毫无经验的曾文忠，看好电脑业的市场前景，在电脑市场还没“大热”之前便已入行。经过几年的努力，业务发展很快，营业额突飞猛进，成为香港有名的电脑商。

1985年，海洋电脑有意扩展业务，希望设厂进行生产。海洋电脑公司执行董事曾文忠想起了李景全，觉得他年轻有朝气，与他合作可以放心，于是就找李景全商量此事。李景全正想企业能有个大的突破，此事正中下怀，于是双方签下合作协议，不久即成合作伙伴。

在他们的合作协议中，谈定双方合作时，再合资8万元，开设一个新厂。这个新厂扩大了规模，厂房从旺角搬至九龙湾，面积也由几百平方英尺，增加到几千平方英尺。在小厂里施展不开拳脚的李景全，这下子可以大显身手了。

有了海洋电脑做靠山，公司的业务蒸蒸日上。过去经营小厂时，一些代理商见厂房小，往往只把少数的订单交给他们生产，因此业务受到很大的限制。现在好了，订单像雪片一样飞来，忙得李景全不亦乐乎！

借助海洋电脑的影响，李景全的业务上了一个新台阶。几年后，他到深圳设厂，将台湾的业务也抢过来不少。到了1990年，工厂营业额已近7 000万港元，成为香港生产小型电脑板的著名厂家之一。

李景全的成功，曾文忠起了推波助澜的作用。正是在曾文忠这位贵人的帮助下，李景全完成了资本与思想上的飞跃，才把自己的公司做大做强。没有曾文忠指路，李景全是不可能走得这么顺利、走得这么快速的。

所以，想要加大自己成功的概率，就必须学会取“巧”，学会走捷径。找到并依靠自己生命中的贵人，就可以减少可能遇到的困难和挫折，缩短奋斗的时间，让成功来得更快更容易。

平庸或卓越，在于你的选择

我们的生命中充满了选择，你的选择不仅和你的心情相关，也和你的命运相关。但凡你选择积极的、努力的、向上的生活和工作方式，你的命运就会越来越好；但凡你选择消极的、被动的、懒散的生活和工作方式，你的命运就会越来越糟。换句话说，人生是平庸还是卓越，其实也在于你的选择。

卓越者与平庸者的迥然之处在于，卓越的人会选择积极行动，努力创造机会以改变命运；平庸的人只会守株待兔，坐等机会和好运降临到他身上。

著名剧作家萧伯纳曾说过一句非常富有哲理的话：“人们总是把自己的现状归咎于运气，而我不相信运气。我认为，凡是出人头地的人，都是自己主动去寻找自己所追求目标的运气；如果找不到，他们就去创造运气。”的确，运气（机会）不是盼来的，也不是等来的，它在很多时候还得靠我们主动去发现、去挖掘，甚至还得靠自己去创造。

有两位分别名为希欧维娅和鑫蒂的美国姑娘，她们找工作截然不同的经历和结果便很好地说明了这一点。

希欧维娅出生在一个家庭背景非常好的家庭中，她的父亲是波士顿有名的整形外科医生，母亲是一所著名大学的教授。家庭对她的帮助很大，对于一些人看来，她完全有机会实现自己的理想。

希欧维娅的理想是做一名优秀的节目主持人。她充分相信自己有从事这方面工作的才能，因为她感到在与他人相处的时候，大家都愿意和她交谈，她也愿意说出自己内心的想法。她经常对别人说："只要有人能给我一次机会，让我上电视，我相信准能成功。"大学毕业以后，希欧维娅等待了1年多的时间，一直没有人给她提供一个上电视的机会。

于是她变得焦急、苦闷、烦躁，她不断地企求上天能赐给她一个机会。可是，机会终究没有光临。

鑫蒂的情况和希欧维娅的截然不同。鑫蒂的家庭条件很差，父母都是极普通的人，他们每天为生活奔波，根本顾不上鑫蒂。鑫蒂读书也没有固定的经济来源。于是她白天打工，晚上到加州大学洛杉矶分校去读夜校。她们俩唯一共同的地方就是拥有相同的理想，鑫蒂也很想成为一个节目主持人。

毕业以后，鑫蒂不像希欧维娅那样无休止地等待，为了谋得一份符合自己愿望的职业，她跑遍了洛杉矶的每一个广播电台和电视台。但是，她在每一个地方得到的答案都令她失望：“我们只雇佣有工作经验的人。”可是，对于鑫蒂来说，这个要求是多么的不合理，不给机会，怎么能获得经验呢？鑫蒂和每一位接见她的人辩论。虽然这时鑫蒂得到了和希欧维娅一样的结果，但她却没有像希欧维娅一样只是不切实际地等待。

她开始为自己创造机会。一连几个月，她都仔细浏览广播电视方面的各种杂志，她还托人去打探各种可能的工作机会。

终于有一天，她在报缝中发现了一个令她激动不已的广告：北达科他州有一家很小的电视台，正在招聘一名预报天气的姑娘。北达科他州在美国的北部，那里非常寒冷，经常下雪。鑫蒂很不喜欢雪。可是，她已经顾不了那么多了，她急切地需要到那里去。她想：“只要能和电视沾上边儿，让我干什么都行，别说下雪，就是刮飓风也没有关系。”

于是，鑫蒂在北达科他州工作了2年以后，她积累了丰富的工作经验。当鑫蒂再次到洛杉矶电视台应聘的时候，几乎是轻而易举就找到了一个职位。又过了几年，鑫蒂得到提升，成为著名的电视节目主持人。她终于实现了自己的梦想。

从鑫蒂和希欧维娅身上，我们可以清晰地看到卓越者和平庸者不同的生活轨迹。鑫蒂选择主动的态度，不断地实践，不断积累经验，为自己创造一切可能成功的机会。希欧维娅却选择被动的态度，一直停留在幻想中，坐等机会，期望天上掉个大馅饼。然而，斗转星移，她却一事无成。和希欧维娅相比，显然鑫蒂是生活中的强者，是我们学习的榜样。

机会从来不会从天而降，你能不能获得机会、获得好运，主要取决于你的决心、行动力、想象力、经验等。其实有些时候，人生并不是只有一次机会，最难得的是在失去第一次机会后，勇于认识自己的弱点，寻找第二次机会。只有不断探索，努力创造，才会有成功可言。

选择什么样的生活和行动方式，决定权在你，并且你现在的选择会决定你的未来，决定你是平庸还是卓越。

富有是一种选择，贫穷也是一种选择

在意大利威尼斯城的一座小山上，住着一个天才老人。据说他能回答任何人提出的问题。当地有两个小孩想愚弄这个老人，他们捕捉了一只小鸟，问老人："小鸟是死的还是活的？"老人不假思索地说："孩子，如果我说小鸟是活的，你就会握紧你的手把它弄死。如果我说是死的，你就会松开你的手让它飞掉。你们的手掌握着这只鸟的生死大权。"

财富其实就像小鸟在你手中一样。你握着贫穷的种子，也握着财富的潜能。富有和贫穷，关键在于你的选择。

在这个世界上生存，本身就意味着上帝给予了你选择的特权。应该利用这个机会，充分施展你的才华，去追求并拥有财富。选择拥有财富，去追求成功，那么这个机会所给予你的将是一笔巨大的财富。

生活本身就是一种选择。既然我们拥有选择财富的机会，那么贫穷就只能是一个懒惰的借口，除非你喜欢并热爱贫穷。

通常贫穷的人对于富人之所以能够致富，较负面的想法是将他们致富的原因归结于运气好或者从事不正当的违法的行业；而还有的人是把富人致富的原因，归结于富人比我们努力或是比我们勤俭。但这些人万万没想到，真正造成他们的财富不及富人的，是他们的财富理念，是他们对财富选择和的追求。

要想跻身于致富之列，便要在思考模式上跳出传统思考的框框。例如有一个成年人不会骑自行车，他看到一位小孩子正在骑，羡慕地对小孩抱怨说："小孩子身手敏捷才会骑车。"于是小孩子教这位成年人骑车，而成年人也很快地就学会了。当成年人愉快地与小孩道别回家时，却又一如既往地推着车走，这就是无法跳出惯性思维的表现。所以我们应及早刷新自己的财富思维，跳出贫穷的思维桎梏。

有一句话："机会敲门的声音很轻，你要用心才能听到。"如果你想获得财富，那也同样要做到用心准备；如果你想获得更多，同样你也需比别人努力得更多。在追求财富之前，努力改善自己，学习致富之道，研究财富之路，是你的必需，就像想捕鱼必须先结网一样，网的好坏有时候就决定了你捕鱼量的多少，在结网时偷懒的人，在收获上也会大打折扣；细心结网的人，更有可能得到意外的珍珠，这不是天意，也不是幸运，而是“天道酬勤”，是对勤奋努力的人的一种奖励。

你必须从现在开始提前改善自己，掌握更多的知识，学会更多的技能，这样你就不但能听见财富敲门的声音，更能打开一扇致富之门。

把拥有财富当作你的选择，这样你就跟财富靠近了一步，然后开始正确的努力。相信不久，你就是财富的主人。

第五章

放弃是为了更好地选择

不放弃就永远做不出新的选择

真正的强者，应该学会放弃，放弃了才可能重新再来，才有机会获得成功。这样的放弃是为了开始新的进取，是为了有所获得。如果能拿得起却放不下，那么就无法令自己生活得更好。荒漠中行进的人最明白这一点，如果不扔掉过重的行囊，就不能减轻负担，就无法保存体力，就无法走出困境。所以，我们要想活得轻松自在，就应该做到该扔的就扔，那种作茧自缚的坚持是没有任何意义的。

有两个渔夫在海底找到了两大袋金条，在返航的途中，他们的船遭到了台风的袭击，被海浪打翻了。没有办法，他们只好一人拖着一袋金条往岸上游。其中一个渔夫为了保存自己的体力，果断放弃了属于他的那袋金条。没有了袋子的累赘，他马上感到轻松多了。他放弃的那袋金条，也渐渐地沉入了海底。另一个渔夫看见后，忙潜到水里，费了好大的劲，才把那袋金条捞起来。他拖着两个沉重的袋子吃力地游着。终于，他耗尽了自己的体力，随着他的金条沉到了海底。最后，放弃金条的渔夫安全地游上了岸，回到了家。当他看到妻子和儿子时，他觉得自己的选择是对的。在失去一袋有价的财富的同时，他赚回了一笔无价的财富——幸福。

人的一生，需要放弃的东西太多了。如果不是我们应该拥有的，我们就要学会放弃。有所得就必然有所失，只有学会了放弃，才能拥有更多，才活得充实。

从前有个猎人，为了抓住猴子，他就在一个瘦口瓶子里放了猴子爱吃的花生米，然后把这个瓶子放到了猴子经常活动的地方。后来，猴子发现了瓶子里的花生米，便伸手去拿。结果抓了花生米，握成拳头的手却抽不出来了，但猴子又不愿意空手出来。正在这时，猎人出现了。猴子吓得撒腿就跑，但套在手上的瓶子影响了猴子的速度。结果它被猎人抓住了。其实猴子只要松手，就可以放下瓶子，但它贪婪的天性却使它不肯放手。结果为了一把花生米，而被猎人抓住了。

很多人往往都会与猴子犯同样的错误，由于太看重眼前的利益，在该放弃的时候却不能放弃，结果铸成了大错，悔恨终生。人的一生也是如此，有的人一生忙碌，什么都想要，可到头来却什么都没有得到。

做人要学会放弃。放弃不是退缩，而是另一种形式的选择，是为了作出更好的选择。白云放弃蓝天化做雨水洒落大地，是为了哺育生灵；落叶放弃大树融入泥土，是为了滋养万物。放弃是为了获得：放弃城市，是为了获得宁静；放弃黄昏，是为了获得黎明；放弃小利，是为了获得一身正气。

果断放弃，掌控选择主动权

曾经有一个人，每天活得不堪重负，没有丝毫快乐可言，于是他去请教一位德高望重的圣人。圣人让他背起一只竹篓，请他每走一步就捡一粒石子放进竹篓里。他刚走百步，就觉得背上的东西太重，受不了了。这时，圣人又把石子一粒一粒地从竹篓里取出，并且告诉他说："这粒是功名，这粒是利禄，这粒是小肚鸡肠，这粒是斤斤计较……"当大半石子被抛出后，他背起竹篓走起路来感到轻松多了。这个人在圣人的指点下终于找到了自己不快乐的原因。

其实生活本身就是一只竹篓，你把功名利禄统统压在身上，当然会压得自己失去快乐的感觉。如果把这些东西放下，相信快乐定会与你为伴。生活对于每一个人都是公平的，如果你放弃了一样事物，它一定会给你另一种幸福。如果你不舍得放弃阳光的明媚，就不会看见晚霞的美丽；不舍得放弃春天的鸟语花香，就不会拥有秋天的硕果累累；不舍得放弃夏天的绚烂多姿，就不会拥有冬天的雪花飞舞；不舍得放弃童年的无忧无虑，就不会拥有长大后的辉煌成就。

什么都不愿放弃的人，是对生命的最大放弃。在漫漫人生路上，如果一个人将一生的所得全部背负在身上，他最终极可能会被压垮。昨天的成就，不能代表今天，更不能代表未来。只要勇敢地放弃自己的过去，放弃那些阻挡你的东西，你就会快乐潇洒地选择另一种生活，从而培养自己对生活的坚定信念。

放弃不是颓废，不是厌世，而是一门学问。人生在世，忙忙碌碌，疲于奔波，常常被强烈的欲望所驱赶，不敢停步，不敢懈怠。背上包裹越来越多，越来越沉，却什么都不愿放弃。因此，当一个人收获越来越多的时候，身心也就越来越疲惫。学会放弃，是因为心灵的天空不能塞得太满，就像云朵太多就成了乌云密布，几朵白云飘曳才显得天空更美丽。

只有毫不犹豫地放弃，放弃一切不需要的东西，放弃所有让自己感到疲惫的负担，才能重新轻松地投入到新生活中，才能从容选择，才会有新的发现和转机。

放弃意味着争取，意味着拥有。放弃一些你无意或者是无法得到的，才能够更专注更有力地追求你想要得到的。学会放弃，人生才显得更加积极主动。

学会放弃，才能拥有一份成熟。一个人在成长过程中，会慢慢地发现他不得不放弃越来越多的东西，在不断地放弃中，人才会变得更加沉稳豁达。学会放弃，人生将向你展示另一种独特的美丽。

放弃的同时也是在选择

尽管人生有许多东西是需要奋斗的，也有许多东西是不能不放弃的，但是，放弃并不是悲观失望的退却，而是另一种前进，不是放弃所有的坚持，而是在放弃中等待机会，重新作出另一种选择。

心理学家曾对两只老鼠做过一个实验。研究人员用手紧紧抓住第一只老鼠，无论它怎么反抗挣扎，都没有办法逃脱。挣扎了一段时间以后，老鼠终于放弃了存活的希望，一动也不动地躺着，这时候再把它放到一个温水槽里，老鼠立即就沉了下去，它没有游泳自救。而第二只老鼠并没有被紧紧地抓过，所以被放到水槽里之后，马上就从水里游了出来。

两只老鼠的实验说明，如果放弃了希望，放弃了改变现实的勇气，那生活对于你就是暗淡的，你也就失去了生存的条件。如果一个人能在不断的打击中，放下心中的阴影，放下脑中的忧虑，把剩下的有限精力投入到新的考验中去，就能用那种不达目的绝不停止的坚忍精神开创新的天地。

在许多时候，胜利者和失败者往往只差一点，那就是这种坚持的精神，就是这种敢于放弃打击后的失落心情的决心。他们从来都不轻信别人的流言，从来都以自己的态度为基点，因为只有自己的勇气和辛劳，才能帮助自己解决一切横在面前的难题。

除了不能放弃前进的希望外，还不能放弃自己的尊严，不能放弃做人的原则。正如文天祥一样，放弃了荣华富贵，却达到了“留取丹心照汗青”的崇高境界；正如闻一多一样，放弃了权势利诱，却成了民族的英雄。正确地选择放弃，才会有一种自豪。

所以，学会放弃，是放弃那种不切实际的幻想和难以实现的目标，而不是放弃为之奋斗的过程和努力；是放弃那种毫无意义的争斗和没有价值的求索，而不是丧失奋斗的动力和生命的活力；是放弃那种金钱地位的搏杀和奢侈生活的沉迷，而不是失去对美好生活的向往和追求。

放弃，是一种境界，是自我发展的必由之路。昨天的辉煌不能代表今天，更不能代表明天，过去的成就只能让它过去，只能毫不痛惜地放弃。只有学会放弃，才能做出新的选择，才能激发出新的力量，才会有新的收获。

选择放弃，选择下一次的机遇

人生在世，有许多东西是不愿舍弃的。有既得的，有想要的；有精神的，有物质的；有名利的，有情分的。“难舍”“割舍”“舍不得”等词汇，体现了人们面对舍弃时的痛苦和无奈。

从小到大，我们受到的教育都是如何努力、如何坚持、如何永不言弃。其实，很多时候，我们更需要学会如何放弃，从放弃中看到更值得的获得。

一个老人在行驶的火车上，不小心把刚买的新鞋从窗口掉出去一只，周围的人倍感惋惜，不料老人立即把第二只鞋也从窗口扔了下去。

这举动更让人大吃一惊。老人解释说："这一只鞋无论多么昂贵，对我而言已经没有用了，如果有谁能捡到一双鞋子，说不定他还能穿呢！"老人的胸怀让人佩服，这种放弃值得深思。如果老人看不到放弃的魅力，学不会放弃，恐怕只有抱着一只鞋哭泣伤心了。老人这简单的放弃，一下子就赢得了人们的尊重和信任。如果老人是你的同事、你的竞争对手，你会不经意就敞开自己的胸怀，会不遗余力地把自己经验和特长与老人交流，互相学习，互相促进。

打个比方，两个具有相同背景的年轻人，一个热情主动，积极进取，对自己的工作总是精益求精，对身边的同事也知道礼让三分，处处为公司利益着想，却从不抱怨，既不嫌薪水低，也不与同事们展开你死我活的争斗；而另一个恰恰相反，总喜欢投机取巧，抱怨薪水低，与同事们隔三岔五地闹意见，为了争夺更高职位不惜采取卑鄙手段，处处把自己的利益放在第一位。比一比，这两个人谁会从竞争对手的身上学会最有益的东西，而竞争对手又更愿意把自己的有价值的东西交给谁呢？谁又能在公司里获胜，谁有更多发展和晋升的机会？

有一位事业颇为成功的女士，别人问她成功的秘诀是什么，她的回答令人大感意外——放弃。她用她的亲身经历对此作了最具体生动的诠释。为了赢得同事和领导的信任，为了更好地向同事和领导学习业务和管理知识经验，为了获得事业成功，她放弃了很多很多：轻闲的办公室工作，舒适的工作环境，数不清的假日，甚至和家人相聚的时间……

不懂得放弃的人往往很难得到别人的信任，无法学到别人的优势和特长，就等于把机遇拱手送给别人。不懂得放弃，也就难以获得新的机遇。

因此，我们需要学会适时放弃。放弃是一种胸怀，适时放弃往往能让我们获得更大的回报。

懂得放弃，善于选择

天道吝啬，造物主不会让一个人把所有的好事都占全。鱼和熊掌不可兼得，有所得必有所失。从这个意义上说，任何获得都是以放弃为代价的。人生苦短，要想学习更多，获得更多，自然就必须放弃更多。

实际上，只有“弃”才会“得”，放弃是为了更好地得到。

世界科幻小说作家艾萨克·阿西莫夫，曾从事生物化学教学和研究。在教学研究中，他发现自己有创作科幻小说的天才，于是他对自己作出了冷静客观的分析：“我不大可能成为第一流的科学家，但我可能成为第一流的科幻小说家。”阿西莫夫毅然告别了大学课堂和实验室，回到家里，专门从事写作。

阿西莫夫这一聪明的舍弃，成就了他一生创作480部科幻著作的辉煌业绩，也为他赢得了世界上最负盛名的科幻小说家荣誉称号。舍弃有时是痛苦的，但如果不能忍受一时之痛苦，就有可能招来终生的痛苦。阿西莫夫当时选择舍弃自己朝夕相处的实验室和讲台，内心无疑是痛苦的。但正是因为他挺住了一时的痛苦，而成就了后来的大业。不进行舍弃，那才是阿西莫夫终生的痛苦和悔恨，甚至是世界的一个遗憾。阿西莫夫聪明的舍弃，是他本人的幸福，也是读者和世界的幸运。

如果本来没有某种优势，但是却一再地坚持，不舍弃，总想将弱势变成优势，这是可悲的。舍弃自己的短项，等于加长了自己的长项，从而让自己更接近了成功的目标。

善于放弃是一种境界，是历尽跌宕起伏之后对庸俗的一种不屑，是饱经人间沧桑之后对人生的一种感悟，是运筹帷幄成竹在胸充满自信的一种流露。只有在了如指掌之后才会懂得放弃并善于放弃，只有在懂得并善于放弃之后才会获得大成功。

善于放弃，既是遍历归来的路，又是重登旅程的路；既是对过去诱发深思的路，也是对未来满怀憧憬的路。当一切尘埃落定，当一切归于平静，我们才会真正懂得放弃其实也是一种美丽的收获。

选择放弃，宁可错过也不可做错

放弃不是舍弃，而是一种选择、一种等待，等待更好的时机。放弃不是退避，是一种储蓄，储蓄更大的勇气。学会放弃，不要硬挺着，这样只会消磨你的意志。一味地坚持，只能作出无谓的牺牲，是一种愚蠢的行为。

放弃看似简单，做起来却不易。拿投资来说，“放弃”需要的是投资者千锤百炼的经验和稳定的心态；需要投资者在投资过程中不断提醒自己，时刻保持局外人的感觉；当面对获利机会的诱惑产生冲动时，要敢于拧自己的耳朵，要记得研究成败的概率，以防因小失大。

在股海搏击中，有些人常会因为判断失误而踩空，错过行情，也会因为对行情无法把握而对入不入市拿不定主意。有些人一看到某只股票往上涨，就迫不及待地匆匆入市以高位买进；有些人一看到自己所持的股票下跌，就想赶紧抛出去。其实，这样的态度是极不可取的。因为这种理念是有问题的，投资者把可操作的弦绷得太紧了，给自己的压力太大了。如果欲望太强烈，就很容易忘记风险。想赚钱是对的，也是应该的。但要赚什么样的钱，则是需要认真考虑的。投资者需要具备敏锐的分析能力、良好的心理素质和坚韧的毅力。有靠大风险赚钱的，也有靠小风险赚钱的。如果你不是一名高手，就最好选择后者，放弃前者。万一你踏空了也不要捶胸顿足，而是要好好分析，总结经验。如果对形势看不清楚，就索性袖手旁观。股谚云：不明朗的市不入。既然你摸不准，就不要勉强自己。与其糊里糊涂地入市，倒不如等看明白了再入。放弃看不明白的行情，是为了更好地得到。放弃了风险大的机会，不是损失，而是保护了自己，也才能保证以后会有更多的机会。选择放弃，宁可错过也不可做错。

其实，没有人能够抓住市场上所有的机会。企图抓住所有机会的投资者，肯定会变成一个亏损累累的套牢对象。尤其在跌市中，那些不会放弃仍然企图扳回亏损的人，其市值的损失程度肯定会很大。价起价落，潮涨潮跌，不管股票如何狂升暴跌，总有新的机会出现在前头。既然如此，就应该学会忍耐、等待和选择，就应该学会适当地放弃。

放弃一些不适合自己的机会，抓住一些有利于自己的机会，才能笑看人生风云。

在生活中，有时不好的境遇会不期而至，搞得人猝不及防。这时如果能放弃焦躁性急的心理，安然地等待生活的转机，那你的机遇就会好转起来，你就能在一种超然的境界中找到自己的位置，从而重新确立自己前进的方向。若干年后，当你回首那段往事时，会为当时正确的选择感到自豪，感到无愧于自己的人生。也许正是当年的放弃，才有了今后的成就，才到达了成功的彼岸。

所以，放弃意味着争取。放弃一些你无意或者是无法得到的，才能够更专注、更有力地追求你想要得到的。学会放弃，人生才显得更加积极主动。

抬头走路，也要懂得低头看路

记得曾有人问大哲学家苏格拉底：“据说你是天底下最有学问的人，那我想请教一个问题：请你告诉我，天与地之间的高度到底是多少？”苏格拉底微笑着答道：“三尺！”“胡说，我们每个人都有四五尺高，天与地的高度只有三尺，那人还不把天给戳出许多窟窿。”苏格拉底微笑着说：“所以，凡是高度超过三尺的人，要能够长久地立足于天地之间，就要懂得低头呀！”

苏格拉底可谓是深得人生的真谛：学会低头。

美国著名的政治家和科学家，《独立宣言》起草人之一的富兰克林，有一次到一位前辈导师家拜访，当他准备从小门进入时，因为小门的门框过于低矮，他的头被狠狠地撞了一下。出来迎接的前辈微笑着对富兰克林说：“很痛是吧？可是，这应该是你今天拜访我的最大收获。你要记住：要想平安无事地活在这人世间，你就必须时时记得低头。”从此，富兰克林牢牢铭记着导师的教诲，并把“记得低头”作为毕生为人处世的座右铭。

虽然我们都是凡人，与苏格拉底、富兰克林根本不能相提并论，但也应该时时处处学会低头，懂得低头，敢于低头。生命的重荷负载过多，就低一低头，卸去那份多余的沉重。面对自己的错误和不足，也要学会“低头”。只有学会低头，才能正视自己的错误。我们每个人不管是什么身份，什么地位，在一生之中，都不可能不说错话，不办错事，因为谁也不是完人，不是“足赤的金子”，不是“无瑕的白璧”。既然谁也无法避免犯错，那错误就不是什么大不了的事情。犯错并不可怕，只要学会低头而后知道自省，就能避免铸成大错以至最终抱憾终身。

人如果眼睛朝上，目空一切而从不懂得“低头”看路，终有一天要摔跟头，要跌个五劳七伤，甚至要落入陷阱或误入歧途。头颅高昂，逞强好胜而不懂得弯腰，总会撞上挫折的“门框”而弄得头破血流。只有学会低头，懂得低头并且敢于低头，才会平安无事，一路走好。民间有句非常贴切的谚语：“低头是稻穗，昂头是稗子。”越成熟，越饱满的稻穗，头垂得越低。只有那些穗子里空空如也的稗子，才会显摆招摇，始终把头抬得老高。

以退为进，为日后的成功开道

有一篇关于蜂鸟的故事。

在茫茫的亚马孙热带丛林，生活着一种倒着飞翔的鸟——蜂鸟。蜂鸟是世界上最小的鸟，只有蜜蜂那么大小。从前，蜂鸟是不会倒着飞的。它们的家族很强大，并且给后代的蜂鸟们立下了一条规矩，就是飞行的时候，只准向前不准后退。如果有胆小的临阵退缩，就会被围攻而死。所以，长期以来，蜂鸟都是不会倒着飞的。

有一天，森林失火了。看着前方燃烧的熊熊大火，蜂鸟们仍然义无反顾地向烈火扑去，结果一群群地死在烈火中，无一生还。而后面的蜂鸟仍然前赴后继。这样下去，整个蜂鸟家族势必要覆灭。这时有一只蜂鸟动摇了，它试图往后退。但是，家族中有地位的蜂鸟王是不允许后退的。它们指挥其他蜂鸟向那只退缩的蜂鸟进攻。可是这次，那些蜂鸟却跟着那只蜂鸟往后退去，最终逃离了这片火海，这部分蜂鸟成了蜂鸟家族仅存的后裔。

此后，蜂鸟便一直倒着飞翔，并且性情变得特别温和，只吃蜂蜜，生活得快乐自在。

在人生的道路上，不仅仅要向前飞翔，更要学会像蜂鸟一样向后飞翔。有的时候，前进的方向可能是死胡同，选择退一步就能给自己创造出一片新的天地。

美国独立战争中，在最黑暗、最失落之际，华盛顿将军率领的美国军队，不断后退，从休斯敦退到新泽西，从大河边退到大山中。士兵们的抱怨声此起彼伏，军官们的彷徨迷茫情绪也在蔓延，他们质问华盛顿："我们打算去往何处？究竟还要后退到哪里？"华盛顿回答说："假如一直没有出现战机，我们将不断后退，越过美国的每一座高山，越过大地上的每一条河流，直到击败英国人的战机出现为止。"

退让并不代表承认失败与放弃努力。积极意义上的退让，目的是在冷静中见机行事，然后准确出击，出奇制胜，是退一步进两步；积极意义上的退让，是一种争取更大胜利，赢取更广阔发展空间的策略。

积极意义上的退让，往往以胜利告终。表面上看似退让，实则上是为自己的利益开道。

在森林里，老虎被尊为“百兽之王”。它威风凛凛，令森林中的小动物们闻风丧胆。然而，倘若你仔细观察，老虎在捕捉食物的时候，总是先退几步，然后猛奔前进，牢牢地抓住猎物。在进攻时，老虎尚能知晓先往后面退几步，以便产生更大的势能，而作为“万物之灵长”的人类，又怎么可以只知道前进，而不晓得后退的道理呢？

适时弯腰是为了更好地挺立

一场大雪过后，树林子出现了有趣的现象，只见榆树的很多枝条被厚厚的积雪压得折断了。而松树却生机盎然，一点儿也没有受到伤害。原来榆树的树枝不会变曲，结果冰雪在上面越积越厚，直到将其压断，实在是备受摧残。而松树却与之相反，在冰雪的负荷超过自己的承受能力时，便会把树枝垂下，积雪就掉落下来。松树树枝因能向下，使雪易滑落，所以枝干依旧挺拔，巍然屹立。适时弯腰，能屈能伸，正是这种气度和风范使松树经受了一场暴风雪的洗礼。

弓腰弯腰，才能射出更远的射程；稻秆直立，那是它还没有攥紧沉甸甸的谷粒。在人生的道路上，无论是谁，都要学会适时弯腰。弯腰并不是软弱的代名词，而是一种韧劲、一种弹性，是生命的一种更深刻的睿智。

孟买佛学院是印度最著名的佛学院之一，这所佛学院之所以闻名遐迩，除了它建院历史悠久、雄伟的建筑和培养出了大量知名学者外，还有一个其他佛学院所没有的特色之处。这是一个非常微小的细节，不过，所有出入过该地的人，当他再出来的时候，基本上都发自肺腑地承认，恰恰是这个细节让他们顿悟，让他们获益颇深。

这是一个非常简单的细节，不过人们并没留心：这所学院在正门一旁，开了一个小门，小门只有150厘米高，40厘米宽，成年人要想出入需要将腰身侧弯，否则就只能碰壁。一切初入佛学院的学生，无一不感到困惑：这么一个偌大的佛学院，有着壮观雄伟的大门可以体面地进出，为啥还开一个小门？

实际上，这恰恰是孟买佛学院为它的学生上的第一堂课。全部新来的学生，都会被教师引导到这个小门旁，让他们进出一次。不难想象，这些新生都是弯腰侧身进出的，虽然有失礼仪与风度，但却达到了目的。教师指出，出入方便的肯定莫过于大门啦，大门还能让人非常体面而又有风度地进出，然而，很多时候，我们要进出的地方，并不是都拥有着壮观的大门，或有些大门并不是随便能够进出的。这时候，唯有学会弯腰与侧身，将尊贵与体面放下的人，方可出入。不然，就只能被阻隔在院墙之外。

教师对学生说，佛家的哲学便蕴藏于这个小门中，人生的哲学亦如此。人生之路，尤其是通往成功的路，基本上没有宽广的大门，绝大多数的门都必须弯腰侧身才能通过。暂时的委曲求全，是一种渡过暂时逆境的策略，可以成就自己辉煌的明天。

一个人倘若不懂得适时弯腰，凡事争强好胜，以自我为中心，希望身边的人都主动给他让路，最终必然被撞得头破血流。历史上有许多胸有点墨之人，却未能抵达人生的巅峰，便是由于在途中不懂适时低头，不会韬光养晦，最后落得一事无成、身败名裂的下场。

不会弯腰的躯体是僵硬的。不会弯腰，是顽固，是呆板，是色厉内荏。无论何时都要记住，弯腰是为了更笔直地挺立着。弯腰以后，一定不能忘记了将自己的腰杆挺直。假如我们一味地低头，总是习惯于卑躬屈膝，那么只会显得我们很卑微。一言以蔽之，低头弯腰应是暂时的，过犹不及。

学会适时弯腰，懂得及时规避，蓄势待发，让自己永远保持良好状态，才有可能成为最后的赢家。

选择归零心态，开拓新辉煌

什么是归零心态呢？就是无论你现在取得了多大的成就，无论你现在担任什么样的职位，都要永远把自己放在一个很低的位置上，一切从零开始，永不满足自己的现状。

如果你的心态不归零，始终觉得自己足够好了，那你就很容易被竞争对手击败，很容易被时代淘汰。

有一些年轻人，有着一定的行业经验、出众的个人能力、卓越的业绩，被企业挖去做经理人。但是，过去只能意味着结束，如果过于看中过去，过去也就成了包袱。也许正是这样，太多不适应新环境、临场发挥失常的职业经理人，最后抱憾离去。

他们都没有很好地做到心态归零，所以他们只能取得暂时的成功，却无法将小的成功变成大的成就，不能让自己从优秀走向卓越。他们成功了一次之后，再成功第二次却很难。让他们回到起跑线上，心态上便承受不了了，总是还停留在过去的成功之中。这些人缺少一种“归零”的心态。

心态归零，是为了更好地前进，为了取得更大的成功。心态的每次归零都将是一个自我完善的过程，一个自我提高的机会。让我们时刻保持清醒的头脑，为下次进攻做更好地准备。我们时刻会面临新的工作环境，会遇到新的问题，这意味着我们过去的辉煌已经结束，必须时刻为新的开始做好准备。

如何做到归零心态呢？就是把每一天都当作崭新的开始，把自己的姿态放到最低，坚持不懈地改善。永远不要去想你已经有多好，而是眼光紧盯你下一阶段的更大目标。永远不要去想别人有哪些缺点，而是想自己还有哪些不足。

商业环境日新月异，当别人都在拼命进步的时候，你还在“原地踏步”的话，等于把机遇拱手让给了别人。

归零心态，就是让我们从成绩的巅峰上走下来，用更加开阔的心态去开拓更大的辉煌，争取明天的胜利。

第六章

选择该选择的，放弃该放弃的

选择最重要的，放弃不重要的

要成就一番事业，不可过于纠缠于小事之中，你必须明白放弃其实是一种重要的选择。处理事情的时候，一味地强调细枝末节，以偏概全，就会抓不住要害问题去做工作。没有重点，头绪杂乱，不知道从哪里下手就做不成任何事情。

不去纠缠小节、小问题，选择最重要的，才是正确的做事方法。

《淮南子》中的“九方皋相马”的故事就是一个很好的例子。

秦穆公对伯乐说：“您的年纪大了，您的家里，有能去寻找千里马的人吗？”伯乐回答说：“好马可以从外貌、筋骨上看出来。但千里马很难捉摸，其特点若隐若现，若有若无，我的儿子们都是才能低下的人，我可以告诉他们什么是好马，但没有办法告诉他们什么是千里马。我有一个朋友，名字叫九方皋。他相马的本领不比我差，请您召见他吧！”

于是，秦穆公召见了九方皋，派遣他去寻找千里马。三个月之后，九方皋回来了，向秦穆公报告说：“千里马已经找到了，在沙丘那个地方。”秦穆公问他：“是一匹什么样的马呢？”九方皋回答说：“是一匹黄色的母马。”秦穆公派人去看，结果是一匹公马，而且是黑色的。秦穆公非常不高兴，于是将伯乐招来，对他说：“真是糟糕，您推荐的那个寻找千里马的人，连马的颜色和雌雄都分辨不出来，又怎么能知道是不是千里马呢？”伯乐长叹一声说道：“他相马的本领竟然高到了这种程度！这正是他超过我的原因啊！他抓住了千里马的主要特征，而忽略了它的表面现象；注意到了它的本领，而忘记了它的外表。他看到他应该看到的，而没有看到不必要看到的；他观察到了他所要观察的，而放弃了他所不必观察的。像九方皋这样相马的人，才真的达到了最高的境界！”而那匹马，果然是天下难得的千里马。

很多男人常常会埋怨陪伴女人买东西，既费时间，又很劳累。她们不是对布料不满意，就是对式样百般挑剔，或者觉得虽然式样勉强过得去，可惜质地实在不行，因为各种因素而犹豫不决，结果常常空手而归。其实，这些毛病并非只有女人才有，一般人在工作或读书的时候，也会拘于小节而忽视大局。

当一个人对于某事犹豫不决时，就会发生如上的迷惑或彷徨。这时候，如能针对自己的目的，抓住核心问题来研究，就可以发现一条排除迷惑的大道。例如，你要选购西装，不妨先明确地限定是何种花纹、式样、布料，如果决定以花纹为主，那么，式样和质料就可以作为次要考虑的条件。如果抓住重点来研究，自然能果断地选购，而且自己也不会后悔。

我们看问题应该把着眼点放在较大的目标上。如果用兵家的术语来说，我们宁愿失去一场战斗而赢得一场战争，也不愿因赢得一场战斗而失去整个战争。

无论是用人还是做事，都应学会选择，懂得放弃，不要因为一点小事而妨碍了事业的发展。

抓住 90% 的好事，放弃 10% 的小事

有些人在面临大事时能稳住阵脚，但在面对一些小事情时却慌了手脚，不知道该如何处置；可以经受住生死的考验，却被小事所烦忧。也有的人在大事上可以潇洒地放手，却对一些小事念念不忘，比如为一些鸡毛蒜皮的小事争吵。他们浪费了许多宝贵的时间在这些小事情上，而不是用这些时间去做一些有价值的事，去想一些应该思考的问题。其实，生活有时正是因为我们太看重小事，反而过得很累。所以，如果想要让自己过得惬意，就不要揪住一些小事不放手。

约瑟夫·沙巴士是芝加哥的一名法官，他仲裁过四万多件不愉快的婚姻案件。他曾感叹地说："大部分婚姻生活不美满的原因，通常都是一些小事情。"还有一名地方检察官也说道："在我们的刑事案件中，有很多都是起因于一些很小的事情。比如，在酒吧里说话侮辱别人，行为粗鲁不讲礼貌，最后才导致伤害

的。许多犯了错的人，都是因为自尊心受到了小小的伤害，就控制不住自己，结果酿成了伤心事。”

法律不会去管一些小事情，一个人也不该为这些小事情忧虑，如果他希望求得心理上的平静。如果你能对一些小事耸耸肩，那说明你已经变得成熟。因为只有当一个人的思想不再顾虑身边发生的一些小过失时，那他才有了一种可以轻松过生活的资本。

要想克服被小事困扰的毛病，只要把自己的看法和重点改变一下就可以了。让自己注意一些可以令自己开心的东西，做一些能令自己变得更好的事情。这样在短促的一生中，我们才不会因自己浪费了不必要的时间而伤心后悔。就如吉布林所说：“生命是这样的短促，不能再顾及小事。”

有位智者说：“在我们的生活中，约有90%的事情是好的，10%的事情是不好的。如果你想过得快乐，就应该把精力放在这90%的好事上面；如果你想担忧、操劳，就可以把精力放在那10%的坏事情上面。”的确，如果我们能放手那10%的小事，那么就能过得舒心。

林肯说过：“人只要心里决定快乐，大多数都能如愿以偿。”快乐是内发的，它的产生不是由于事物，而是由于个人所产生的态度和观念。如果我们感到可怜，很可能会一直感到可怜。如果放弃不快乐的来源——过度的自尊，那你就能在发生交通堵塞或被踩脚指头这类小事时避免火冒三丈。

在科罗拉多州长山的山坡上，躺着一棵大树的残躯。自然学家说，它有400多年的历史。它初发芽时，哥伦布刚在美洲登陆；它长到成年的一半时，第一批移民刚刚到美国。400多年来，它无数次地被狂风暴雨袭击过，被闪电击中过，但它战胜了它们，存活了下来。不幸的是，它最后被一小队甲虫击倒了。那些甲虫从它的根部开始咬，在这种持续不断的攻击下，这个森林中的巨人，终于倒下了。岁月不曾使它枯萎，闪电不曾将它击中，狂风暴雨不曾使它动摇，但小甲虫却使它倾倒了。

有些人就如同这棵大树，经历了生命中许多风暴的冲击，都挺过来了，结果却让一些小事的忧虑给打败了。如果你想让自己的生命之树不遭受小虫的咬噬，就要让自己的心学会宽待他人和他事，就要学会放下一些小事情。

当你在放下的那一刹那，你可能发现你的头顶上充满了耀眼的光彩，你收获了一片光明。为了使你的事业更加成功，为了使你的生命价值得到最大体现，请你不妨放弃人生道路上的琐琐碎碎，去拥有更加广阔的天空。

当一切改变时，改变自己

时代在变，我们也要跟着变，假如我们不变，但是其他人在变，那么时代就只能留给那些跟着时代变的人。

我们没有真正看过恐龙，可是我们确定我们住的地方在几亿年前确实有恐龙。

在远古时代确实有恐龙，但是后来恐龙为什么消失了呢？所有的科学家、历史学家、生物学家众说纷纭，没有人真正确定恐龙消失的原因是什么。可是所有的人最后只有一个结论：当时的环境发生了很大的改变，而恐龙无法适应变化了的环境，所以灭绝了。

现在正处在一个大变革的时代，如果你不努力改变自己，如果你无法适应，你必将遭到淘汰。千万不要做恐龙，要不然你会消失不见。很多小孩子的父母从小都喝自来水长大的，于是让他们的孩子也喝自来水。现在工业污染越来越严重，假如还喝自来水的话，恐怕受到伤害的最终只能是自己和孩子。时代在变，观念也得跟着变。假如你不变，就只有等着做恐龙这一条路可以走。

一个成熟的人必须要跟水一样圆形方形随时改变自己，接受改变缺点的挑战。有人说江山易改本性难移，如果总是要别人去接受你的个性，可能吗？每一个人都应该清楚地审视自己有哪一些缺点会阻碍自己的发展，并且把它记录下来成为自己改进的计划簿，如果你希望自己成为一个优秀的人就必须这样做，因为如果不改变，这些缺点就会变成自身发展上的障碍，所以我们常说：一个人最大的障碍就是自己，不是别人，也不是环境。

有些人会愿意改变自己常常是在遇到了刻骨铭心的事件之

后，但是那仅仅指的是有准备改变自己的人；有些人根本就没有打算改变自己，这些人便会在遇到重大事件的时候逃避。有些人认为改变自己很难，因为那可能是已经几十年积累下来的习惯，人对于习惯会产生依赖而拒绝改变，可是真正的财富往往就藏在这些改变之后。有人说这就是上帝为了那些改变自己的人所准备的礼物，他要告诉这些愿意改变的人，改变虽然痛苦，但是他一定值得！

微笑、开朗、主动、诚恳、热情、积极、付出、感恩、接受挑战、坚持、乐观、兴奋等等，这些都是一个成熟的人身上必须要具备的特质，在你的身上是不是已经具备了呢？还是这中间缺了好多呢？我们一定相信这里面有很多特质都不是你天生就拥有的特质，但是这些却是一个人在面对社会时必须具备的特质，要拥有这些特质说简单也很简单，但是说难也会很难，全部决定在你自己的一念之间：我是不是愿意去接受改变，我要去适应生活还是要生活来适应我？改变是一个决定，不改变也是一个决定，但是这两个决定却会决定两个完全不同的人生，你决定了吗？

接受不可改变的，改变可以改变的

哲学家威廉·詹姆斯给不幸的人们一个忠告：“要乐于承认事情就是这样的情况，能够接受发生的事实，就是能克服随之而来的任何不幸的第一步。”住在美国俄勒冈州波特南的伊丽莎白·康迪却经过很多困难才学到这一点。下面是她的经历。

在美国庆祝陆军前线胜利那一天，她接到由国防部送来的一封电报，她的侄儿——她最爱的一个人——在战场上失踪了。过了不久，另外一封电报说他已经死去了。

“我悲伤得无以复加。在那件事发生以前，我一直觉得生活对我很好，我有一份我喜欢的工作，努力带大了这个侄儿。在我看来，他代表了年轻人美好的一切。我觉得我以前的努力，现在都有很好的收获……然而却来了这封电报，我的整个世界都粉碎了，觉得再也没有什么值得我活下去的理由。我开始忽视我的工作，忽视我的朋友，我抛开了一切，既冷淡又怨恨。为什么我最爱的侄儿会死？为什么这么好的一个孩子——还没有开始他的生活——为什么他应该死在战场上？我没有办法接受这个事实。我悲伤过度，决定放弃工作，离开我的家乡，把我自己藏在眼泪和悔恨之中。”

康迪沉浸在巨大的悲痛中，甚至失去了生存的勇气。就在她清理桌子，准备辞职的时候，突然看到一封已经被遗忘了的信——一封从已经死了的侄儿那里寄来的信。

那封信上说，“尤其是你，不过我知道你会撑过去的。以你个人对人生的看法，就能让你支撑过去。我永远也不会忘记你教我的那些美丽的真理，不论活在哪里，不论我们和它离得多远，我永远都会记得你教我微笑，要像一个男子汉，承受一切发生的事情。”

康迪把那封信读了一遍又一遍，觉得他似乎就在自己的身边，正在和她说话。他好像在说：“你为什么不照你教给我的办法去做呢？撑下去，不论发生了什么事情，把你个人的悲伤藏在微笑底下，继续活下去。”

于是，康迪小姐又回去工作了。她不再对人冷淡无礼，并一再对自己说：事情到了这个地步，我没有能力去改变它，不过我能够像他所希望的那样继续活下去。她把所有的心思和精力都用在工作上，并写信给前方的士兵——别人的儿子们；晚上，参加了成人教育班——她要找出新的乐趣，结交新的好朋友。一段时间过后，康迪小姐几乎不相信发生在自己身上的种种变化。她不再为已经永远过去的那些事悲伤，现在每天的生活里都充满了快乐——就像侄儿要她做的那样。

很显然，环境本身并不能使我们快乐或不快乐，我们对周围环境的反应才能决定我们是否快乐。我们所要做的就是，接收不可改变的，选择可以改变的。

伊丽莎白·康迪学到了我们所有的人迟早都要学到的事情，那就是我们必须接受和适应那些不可避免的情况。这不是容易学会的一课。已故的乔治五世，生前在他白金汉宫的房里墙上挂着一句话：“教我不要为月亮哭泣，也不要为过去的事后悔。”同样的这一想法，叔本华是这样说的：“能够顺从，就是你在踏上人生旅途中最重要的一件事。”而印度的大诗人兼哲学家泰戈尔则说："如果你因为失去太阳而哭泣，那么你也会失去月亮。"接受事实，忘记过去，接受不可改变的，选择可以改变的。事情是这样的，就不会是别样的，只有把握现在向前看，才是你应该做的事。

该放手时要放手

有一个国王，他晚上做了个梦，梦见神人告诉他一句话，说只要记住这句话，就能够得到一辈子的幸福。然而醒后，国王竟然忘记了那句话。国王绞尽脑汁都没有想起来，于是问大臣，有没有一句话，听了以后会让人得到一辈子的幸福。大臣都摇头，好像没有。国王求一句箴言的消息很快就传开了。过了三个月，一个已经告老还乡的老臣求见国王，他对国王说他知道那句话，不过还请国王先给他一个戒指，他打算把那句话刻在戒指上。国王于是给了他一个戒指。两天后，老臣把戒指还给了国王。国王一看，戒指上赫然刻着"一切都会过去"六个字。国王顿时想起，这正是梦中神人说的话。

一切都会过去。请永远记住，每天都应该有一个新的开始，都应该有个积极的心态。千万不要让既成的事实成为一种包袱，既不要因为种种遭遇而垂头丧气不思进取，也不要因为过去的种种荣耀和成就而趾高气扬，不可一世。

人需要清空自己心中的一些沉淀，这些东西只会成为自己成长路程中的包袱，该放手时且放手。

很多东西，该放手的时候就要放手。放手是为了更好地获得。

对于荣誉，大可不必放在心上。荣誉是努力的副产品，其实在努力的过程中，人们已经体验到了成功。

有一对父子做瓷娃娃去卖。父亲做的瓷娃娃每个能卖五元钱，儿子刚开始做的时候，每个瓷娃娃只能卖一元钱，后来儿子很是努力，加上父亲总是鞭策他，他的瓷娃娃越做越好，很快就卖到了五元钱。到这个时候，儿子仍然没有放松努力，继续坚持，最后一个卖到了十元钱。儿子有些志得意满了，父亲狠狠批评了儿子。儿子很不服气，对父亲说："我的瓷娃娃一个能卖十元钱，而你的只能卖五元钱，你有什么资格批评我？"父亲一听，长长地叹了一口气说："以后你的瓷娃娃永远都只能卖十元钱了。"最后结果果然如此。父亲年轻的时候也跟儿子一样，因为他的父亲的瓷娃娃只能卖三元钱，等到自己做到五元钱的时候就志得意满了，所以卖了一辈子五元钱的瓷娃娃。

人难免有很多得意与失意。得意不必狂喜，失意不必伤悲。得意的时候应该想到会有失意，而失意的时候更应该明白成功或许就在这失意中。对于伟人和凡人而言，过去的都已经成为过去，在新的起点上，要取得成就，就必须有一种成功者的心态，而且不要将过去的经历当成包袱背在身上。

选择该选择的，放弃该放弃的

有这样两个故事。

第一个故事是法国有一家报纸曾经刊登过一个智力问答：如果罗浮宫发生火灾，此时，你只能拿出去一幅名画，你会选择哪一幅？很多人回答说当然要达·芬奇的《蒙娜·丽莎》，可是这幅“永恒的微笑”在最里面的展馆。最后一位社会学家作出了最正确的答案：拿离出口最近的一件。理由很简单，因为这样最容易实现。

第二个故事是有一架飞机坐着三个人，其中一个是物理学家，一个是总统，还有一个是哲学家。突然之间，飞机发生了故障，必须让其中的一个人跳伞以减轻飞机的负重，请问在这个时候你会选择哪一个？结果是众说纷纭。答案是选择体重最重的一个。理由也很简单，这样可以保证飞机最小负重，保证安全。

两个故事给我们的启示是：人生中会面临很多选择，选择过多，就会让我们无所适从，负重太多，正确的做法是——选择该选择的，放弃该放弃的。

诗人顾城在《忧天》中表达了自己的生活主张：拒绝做无依无附在天宇飘行的流星，愿变成“扎根地层深处的树根”。顾城清楚地知道自己需要选择的是什么，他选择后者，是生活的智者。

如果我们选择自己不需要的，就会给自己增添了额外的沉重负担。为什么现在很多人活得特别累？因为他们有太多的选择，要高薪，要房子，要车子……这些让他们背上了沉重包袱。其实这些都不一定是他们现在所需要的，他们选择了，就让他们的生命负载了沉重。因为特别想拥有这些东西，因此他们就感到特别的担心，生怕丢了工作就无力偿还房贷、车贷了。所以一个人不要老想着一些自己还不需要的东西，要知道，那些东西得到了也只会成为你的包袱。我们不要被“飘行在天宇的流星”迷了眼，而失去自己真正想要的，需要放弃的东西就要及早放弃。

选择自己该选择的，选择自己需要的，人生才能时刻充满活力和动力。当你清楚自己需要什么，你会真心去追求它，全世界都会为你让路，因为有一个目标的人比任何人都强大。像邓亚萍，她知道自己只当一个教练，以后肯定会后悔，所以她选择了退出体育界。她从一个连二十六个字母都写不全的人转变为一个以英语为专业的清华学士、剑桥博士、搜索引擎总裁。她的成功让所有人都为之喝彩。但是，她是怎样做到的？因为她选择的都是自己需要的、想要的。这些让她时刻充满活力，生命焕发出耀眼的光彩。

有人说，命运有一半在你的手里，另一半在上帝的手里。你手里的一半会变大，也会变小，也有可能变为零，答案是什么，在于你一生中所做出的选择及放弃，你越是懂得如何选择如何放弃，你手里掌握的那一半就越庞大，你的命运之果就越丰硕。

前半生不怕，后半生不悔

无论如何选择，只要是自己的选择，就不要后悔。过去的你不会让现在的你满意，现在的你也不会让未来的你满意。当初有胆量去选择，现在同样该有勇气承担后果。所谓一个人的长大，也便是敢于勇敢地面对自己：在选择前，有一张真诚坚定的脸；在选择后，有一颗绝不改变的心。

30年前，有一个年轻人想要离开故乡，去创造自己的前途。根据乡里的规矩，他动身的第一站应该去拜访本族的族长，以便求得指点。当这个年轻人去见族长时，族长正在练字。当族长听说他想离开故乡去外地闯荡闯荡，想了想，就立即挥毫写了三个字：不要怕。然后望着年轻人说："其实人这一生的秘诀没有什么，只有六个字，今天我可以先告诉你三个，我想这三个字已经够你半生受用了。"

30年过去了，当初离家的那个年轻人已经到了中年，取得了一些成就，但是也有了许多伤心事。此时他特意回到了家乡，去见那个族长。很快他来到了族长家，不过不幸的是，族长在几年前就已经去世了。然而族长的家人却取出一个封信给这个人，对他说这是族长留给他的东西。这个时候，还乡的游子才想起来30年前他还有一半的人生秘诀没有听到，打开信一看，里面赫然又是三个大字：不要悔。

不要怕，不要悔，这是对人生比较深刻的体会。人生没有失败，所以不要去害怕什么。别人能做到的，自己同样能够做到；别人做不到的，自己为什么不能做到？有了这种感悟，就不要再担心以后会发生什么。人生是没有失败的，人最终都会取得成功。

后悔是一种耗费精神的情绪，后悔是比损失更大的损失，比错误更大的错误。所以不要后悔，不论自己作出了怎样的选择，不论是否做错了事情，都要告诫自己不要后悔。做错了事情，可以总结经验，吸取教训，以后不要再犯同样的错误，这样才能进步，在将来的日子里才能够获得非比寻常的成就。

一个人的得失心不要太重了，太重了会影响自己的成长。人生没有失败，也很少会有后悔，唯一后悔的是自己用了太多时间和精力去计较得失了。在人生的前几十年，做好人生中的重要选择，选择好自己的路，就不要畏缩，坚持走下去。在人生的后几十年，不断总结经验教训，即使有所失误，也不要后悔，而要通过持续的努力，采用必要的措施，修正人生的方向，以更加沉稳坚实的步伐迈向成功的彼岸。前半生不怕，后半生不悔，是每一个渴望取得成功的人士所持的应有态度。

放下身段路更宽

拿破仑滑铁卢战败后，被流放到地中海的圣赫勒拿岛。有一天，他与夫人约瑟芬一起到海港散步，正好遇到一群水手在卸货，水手们抬着沉重的东西嚷着：“没看见我们正在卸货吗？让开！让开！”拿破仑躲避不及被重重地撞了一下。夫人几乎没有考虑，就脱口斥骂道：“没长眼的东西，你们撞到的是法国皇帝！该当何罪？”

拿破仑马上拦住夫人，在她耳边说道：“这些水手很辛苦，不要这样对待他们，再说我也并没有被撞得很痛。”

接着，拿破仑又吩咐随去的仆从，去帮助水手卸货。拿破仑放下皇帝的身段，不计较水手的过失并热情帮助他们。

这种举动获得了水手的好感和爱戴，在水手的大力支持帮助下，几年后拿破仑偷偷潜回法国又重新执掌了政权。

社会是分等级的，不同的人必然在不同的社会等级中生存！但是，等级不能当饭吃。古今中外那些取得成就的人，无不把放下身段当作为人处世的第一要诀。

但是有些人认识不到这一点，他们往往在取得了一点成绩或者当上了芝麻大小的领导后，便不知天高地厚，不管在哪里都爱摆臭架子。这种现象在社会生活中随处可见，比如千金小姐不愿意和保姆同桌吃饭，博士不愿意当基层业务员，高级主管不愿意主动找下级职员交换意见，知识分子不愿意去做体力工作……他们认为，“君子动口不动手”，如果那样做，就有损他们的身份。

其实过分看重“身段”，故意摆谱，只会让路越走越窄；如果在非常时刻也放不下身段，那就会变得无路可走。比如说博士找不到合适满意的白领工作，又不愿意降格以求当业务员，那就只有挨饿了。

不少人喜欢摆谱摆架子，喜欢搞点花样摆门面，借此表示自己比别人更“特殊”更“高明”。殊不知他们越是摆谱越容易招致反感。所以你还是没有必要摆架子装门面，还是放下身段低调做人才踏实一点，安全一点。

接纳不完美，人生才完美

谢尔·西尔弗斯坦在《丢失的那块儿》里讲过这样一个故事：

一个圆环被切掉了一块，圆环想使自己重新完整起来，于是就到处去寻找丢失的那块儿。可是由于它不完整，因此滚得很慢，它欣赏路边的花儿，它与虫儿聊天，它享受阳光。它发现了许多不同的小块儿，可没有一块适合它。于是它继续寻找着。

终于有一天，圆环找到了非常适合的小块，它高兴极了，将那小块装上，然后就滚了起来，它终于成为完美的圆环了。它能够滚得很快，以致无暇欣赏花儿或和虫儿聊天。当它发现飞快地滚动使得它的世界再也不像以前那样美好时，它停住了，把那一小块又放回到路边，缓慢地向前滚去。

人生确有许多不完美之处，每个人都会有或这或那的缺陷。其实，没有缺憾，我们便无法去衡量完美。仔细想想，缺憾其实不也是一种完美吗?

人生就是充满缺陷的旅程。从哲学的意义上讲，人类永远不满足自己的思维、自己的生存环境、自己的生活水准。这就决定了人类不断创造、追求。从简单的发明到航天飞机，从简单的词汇到庞大的思想体系。没有缺陷，产品便不会一代代更新。没有缺陷就意味着圆满，绝对的圆满便意味着没有希望，没有追求，便意味着停滞。人生圆满，人生便停止了追求的脚步。

生活也不可能完美无缺，也正因为有了残缺，我们才有梦，有希望。当我们为梦想和希望而付出我们的努力时，我们就已经拥有了一个完整的自我。生活不是一场必须拿满分的考试，生活更像一个足球赛季，最好的队也可能会输掉其中的几场比赛，而最差的队也有自己闪亮的时刻。我们的所有努力就是为了赢得更多的比赛。当我们能继续在比赛中前进并珍惜每场比赛时，我们就赢得了自己的完整。

世间的一切从某种意义上说，是呈现在不完美、不完整与不精确的状态中的，而人们的头脑却要求一切是完美的、完整的、精确的，显然，头脑是在对抗这既存的事实。一切都是不完美、不完整和不精确的，我们又何必违逆自然，让心变得不安宁？很多的烦恼，就是因为放不开完美、完整与精确的心理需求。追求完美使人变得没有弹性，变得不随和，变得不快乐。

十全十美在现实中是很难找到的，这种完美之事只存在于人的想象当中。我们需要放弃完美看世界的人生态度，接纳世界中的种种不完美，这样我们才能以成熟的心智去面对人生中的种种不如意，以轻松的姿态去生活中的种种困难，从而获得自己期望的成功人生。

美好的人生并不是完美无缺的，而恰恰是因为有缺憾才会有追求，去拼搏，才会使自己的生命分外精彩。

舍得，舍得，有舍才能有得

舍得，舍得，有舍才有得。在失去甲的时候，你肯定也会得到乙，然而你经常自己觉察不到。

有一位靠捕鱼为生的老翁，一天清早，他还和往常一样来到溪边，见到溪上游的碎石很惊奇，因为昨天的雷雨而冲到下游来了，小溪里面全部都是碎石，他因不能够捕鱼，而号啕大哭起来。小溪旁山坡上有一座小庙，庙里的师父听到了他大哭的声音，便下山来点化：“老人家！你为什么哭啊？”“小溪里面全部都是碎石，我没有办法捕鱼了”“不可以下网捕，可以用手去抓啊！你没看鱼儿全在碎石上、石缝间跳跃吗？”老翁揉揉眼睛看去，果然鱼儿全在碎石上、石缝间跳跃，随手可得，怎么刚才没发现呢？

用“有舍必有得”的正面意义和积极心态来看待某件事情，不是让你陷落虚拟情境，而是让你看清现实。比如，一对夫妻离婚了，在失去婚姻的同时，会得到追求良缘的机会；亲密的爱人移情别恋，在失去恋情的同时，也庆幸婚前就发现对象不可靠；失意于钱赚得少，却得意于不用为了储蓄投资而烦心。

得与失，肯定会有平衡点。你不能够只看到失落而痛苦万分，你应该学着看到获得而欢乐。它们在你所在的空间是平均的，任你感受体会。如果你经常感到失落，那是你心眼太狭小了；假如你经常体验到获得，那是你的心态正确。这里并无意掩盖你失落的事实，而是提醒你获得的事实。得与失是两个方面，它们都真实地存在着，你不要只看一个方面。

在夜市里面，大多都有捞金鱼的小游戏，小朋友们只要到那儿就忘记回去了。捞金鱼的铁丝网贴了薄薄的一层纸。这种纸浸水以后很容易就破了，经常捞了一两次，就不能再用了。

有一位在夜市里面摆摊很多年的老板，偷偷地透露了捞金鱼的方法：“先把捞金鱼的网子，用牙签打出一个小洞，下水的时候就不会很容易破了。”小朋友总是舍不得先动手把那层纸给弄破一点，渔网反而破得更快。

生活中到处都有能舍而后得的奇迹。先有所舍才能有所得，舍出如同种子散播出去，转了一个来回，又带了一大群子子孙孙回来。“舍”永远都是在“得”的前面的，这是必然而且非常重要的顺序，更是幸福的秘诀，可是有很多的人却忽视了这个最奇妙的步骤。

小时候在农村压水，假如不先灌一点水下去，井水是压不出来的，只要一小桶水的水就能够引来整座井的泉源。

放下了才能够得到，能舍才能领受，因为付出本身就是一种乐趣。我们不是以功利的心态，为了得而舍，而是以一种积极的心态，愿意学习舍的课程，毕竟在此途之中，心灵的喜悦就是最大的祝福。

第七章

立身行事，选择在左放弃在右

交友要广泛，不可不选择

在现代社会，人际交往变得越来越重要，就像俗话说的那样：多个朋友多条路。但是，社会纷繁复杂，人也形形色色，朋友也各种各样，因此交友要广泛，但是一定要加以选择。

那么，我们应该如何选择朋友呢？孔子为益友和损友各提出三条标准，他说："益者三友，损者三友。友直，友谅，友多闻，益矣；友便辟，友善柔，友便佞，损矣。"这就告诉我们，要结交有益的朋友，就要同正直诚实的人交往，这种人安全可靠；要同宽容大度和体谅人的人交朋友，这种人胸怀博大，明智豁达，不会斤斤计较，不会小肚鸡肠，不会患得患失；要和见多识广、博学多才的人交朋友，这种人生性好学，博学多闻，值得学习。

因此，我们在选择朋友时，应当掌握一定的原则，要品行端正、对自己有益的朋友。千万不要同那些善于献媚逢迎的人交朋友；不要同那些当面恭维、背后诬陷的人交朋友；不要同那些夸夸其谈、华而不实的人交朋友。如果交上损友，是非常有害的。下面有几个交朋友的方法：

1. 有计划地选择朋友

寻找朋友首先要有目标、有计划；这个目标是你本人是什么类型的人，应和哪些人建立人际关系。目标很重要，它可以把你带到你想去的地方。有了目标还要有计划，计划是为目标的实现买保险。如果没有计划，目标就是孤零零的，会感到很寂寞。如果没有目标去引导，计划就像迷途的羔羊，会找不到前进的方向。

2. 质与量并重

世间万物皆由它的质量，人际关系也有质量，质是品质，量是数量。人的能力有大小，人的品质自然也有高低。一个人的品质由心态和能力组成，有能力、心态好的人才是高品质的人。有了商品质的朋友以后就要增加量了，有了质没了量，不可能产生更大的力量。当然，有了量没有质更不行。所以，交朋友要质量并重。

我们常说，你与什么样的人在一起，你就成为什么人；你读了什么书，你就成为什么人。如果你觉得自己还不成功，那你先看你是和谁在一起。如果你是你周围“鹤立鸡群”的一位，不要因此而沾沾自喜，自觉高人一等，要知道这就是你不成功的原因之一。相反，如果你是最差的一个，那么你就可以吸取你周围的人的成功经验和智慧，可以借用他们的光芒。虽然一个人的命运掌握在自己手中，但他的命运质量却决定于他的人脉。因此，要多结交一些比自己优秀的人，那么自己也就有机会变得优秀了。

3. 做个有影响力的人

影响力是什么？影响力就是能够影响和改变他人的能力。建立人际关系，是你去找别人容易，还是别人主动找你容易？是你找别人有效，还是别人主动找你有效？答案肯定是别人主动找你更容易、更有效。那么，如何让自己成为有影响的人呢？首先让自己成为一个品德高尚的人，然后让自己成为一个有能力、有爱心、有学习力、有魅力的人。

4. 深入交友

珍惜友谊，发展感情。有的人交友像“蜻蜓点水”或“黑瞎子掰棒子”，不能深入，满足于泛泛之交；或者见异思迁，喜新厌旧；忽视朋友的情感，以自我为中心；有的搞实用主义，需要时是朋友，用不着时成路人，一旦有点矛盾就翻脸不认人。不管在什么时候，都要与人为善，珍惜友谊，须明白：有很多良友，胜于有很多财富。

按上述准则结交的朋友就是志同道合、情投意合的朋友，是真正的益友。这样的朋友才会有真挚的感情，才能与你患难与共，同舟共济。

选择忍让，放弃争强

在漫长的人生中，人要做很多事情，有时可能一帆风顺，有时就可能有许多不如意。不管在哪种情况下，人都不能忘记自己的最终使命，追求属于自己的成功。特别在不如意之时，要能承受别人的嘲笑，这是一种雅量，同时也是忍的标志。时刻要记住：让人三分不为输，退一步海阔天空。

“让人三分”是做人不可缺少的一种高贵的道德品质，人与人之间相处，很可能会产生一些摩擦和磕磕绊绊的，也可能自己的自尊心或者切身利益在无意或者有意之间受到对方的一些伤害，无论处于何种情况下，采取不甘示弱、针锋相对，或以牙还牙、以一报十的做法，都不会有什么好的结果。要想处理得好，就应该学会谅解，学会宽容，学会忍让，决不可为了一点功名拍案而起或拳脚相加，更不能为了蝇头小利反目成仇，导致兵戎相见。

有些人喜欢争强好胜，这是他固有的性格，在外表看来似乎是英姿勃发、颇具阳刚之气。其实不然，一个真正有气度的人，是善于忍耐的，在有理可争的情况下，他还学会了善待对方，而不是只求自己痛快而耀武扬威。有些人因芝麻大一点小事想夺回自己的面子便结伙成群，聚众欺人，或是干脆凭一时之勇就“提刀问斩”。在处理事情时，不可冲动，要学会忍耐。其实许多事在心静下来之后就很快能发现它是不应该的。

在现代的社会生活中，经常都可以看到这种场面：因为话不投机或者是为了蝇头小利，所以闹得面红耳赤，轻者怒目相视，重者大动干戈，事后都感到后悔不已，甚至带来不可弥补的重大损失，这些都是不知忍让的具体表现。或许他们根本就不知道忍让的重要性，或许他们认为“忍”有伤大雅，而忍让的对立面“冲动”就成了其寻衅滋事的最好理由。实际上，在日常琐事和生活细节上能够做到忍而不发、淡泊于事，才真正不失君子风度。所以，凡事都要坚守心灵的“防护堤”，学会选择忍让，在大是大非面前更好地把握自己，永远坚持“让人三分”的态度，做一位心宽体胖的“忍”君子。

忍让者总是以平和的心绪去感化他人的浅薄行为，以宽阔博大的胸怀去容纳他人的行为，最终以无可争议的事业成功来警示世人。所以我们可以这样说，忍让是理性的以柔克刚，以退为进；能忍让者，意志必坚韧，肯定具有良好的心理素质与道德品质，也必定能得到大家的拥护与尊敬。

有人说，礼让一寸，得礼一尺。在人生道路上，能谦让三分，心就可天宽地阔。俗语说得好：“路留一步，味让三分。”意即路径窄处，留下于人行；滋味浓的减三分让人尝。要多为他人着想，要给人留有余地。

我们要时时记住：让人三分不为输。不要去计较生活中的一些小事，不去想一些无聊的事，凡事都要尽心尽力，时时做到问心无愧。对任何人都要大度，对任何事都要怀着一颗宽容的心，不去计较一时之得失。给人玫瑰，手留余香。快乐了别人，自己也是快乐的。

今日选择吃亏，日后换来福报

吃亏的人往往会生气，其实，在中国传统思想中，有“吃亏是福”一说。这是中国哲人所总结出来的一种人生观。它包括了愚笨者的智慧、柔弱者的力量，领略了生命含义的旷达和由吃亏退隐而带来的安稳宁静。

唐代的两位智者寒山与拾得（他们二人实际上是一种开启人的智慧的象征）的对话从某种意义上来说对我们很有启发：

一日，寒山问拾得：“今有人侮我、笑我、藐视我、毁我、伤我、嫌恶恨我、欺我，则奈何？”拾得曰：“子但忍受之，依他、让他、敬他、避他、苦苦耐他、不要理他。且过几年，你再看他。”

那个高傲、不可一世的人的结局可想而知，而我们也一定可以想象得出拾得的胜利的微笑——尽管这可能是一种超脱圆滑者的微笑。不过，它的确会给我们的生活带来一些好处。

所以，如果我们知道“福尽则祸亦至，而祸退则福亦来”的道理，那么，我们就真的应该采取“愚”“让”“怯”“谦”这样的态度来避祸趋福。所以“吃亏是福”不失为人生一种特殊的处世哲学。“吃亏是福”也是一种生活的艺术。

“吃亏”大多是指物质上的损失，倘使一个人能用外在的吃亏换来心灵的平和与宁静，那无疑将获得人生的幸福。记不清哪位哲人曾写下下面这段令人拍案叫绝的文字，这的确是对“吃亏是福”的最好诠释。在此引用，与大家共赏：

人，其实是一个很有趣的平衡系统。当你的付出超过你的回报时，你一定取得了某种心理优势；反之，当你的获得超过了你付出的劳动，甚至不劳而获时，便会陷入某种心理劣势。很多人拾金不昧，绝不是因为跟钱有仇，而是因为不愿意被一时的贪欲搞坏了长久的心情。一言以蔽之：人没有无缘无故的得到，也没有无缘无故的失去。有时，你是用物质上的不合算换取精神上的超额快乐。也有时，看似占了金钱便宜，却同时在不知不觉中透支了精神的快乐。所以先哲强调：吃亏是福，就是这样一个道理。现实生活中，很多人以低调的姿态做着各种各样的好事，在某种的程度上说，他们当然就是我们常说的“圣人”。

吃亏是福，生命中吃点亏算什么？吃亏能换来非常难得的和平与安全，能换来身心的健康与快乐，又有什么不值得的呢？

能容则宽，有容乃大

孔子的学生子贡曾问孔子：“老师，有没有一个字，可以作为终身奉行的原则呢？”孔子说：“那大概就是‘恕’吧。”“恕”，用今天的话来讲，就是宽容。

相传春秋时期，楚王请了很多臣子们来喝酒吃饭，席间歌舞妙曼，美酒佳肴，烛光摇曳。酒至兴处，楚王命令两位他最宠爱的美人许姬和麦姬轮流向各位敬酒。

忽然一阵大风刮过，吹灭了所有的蜡烛，厅堂里漆黑一片。席上一位官员乘机揩油，摸了许姬的玉手。许姬一甩手，扯了他的帽带，匆匆回到座位上。并在楚王耳边悄声说："刚才有人乘机调戏我，我扯断了他的帽带，你赶快叫人点起蜡烛来，看谁没有帽带，就知道是谁了。"

楚王听了，连忙命令手下先不要点燃蜡烛。接着大声向各位臣子说："我今天晚上，一定要与各位一醉方休。来，大家都把帽子脱了痛饮几杯。"

众人都没有戴帽子，也就看不出是谁的帽带断了。

后来楚王攻打郑国，有一位勇士独自率领几百人，为三军开路。他过关斩将，直通郑国的首都。此人就是当年揩许姬油的那一位。他因楚王施恩于他，而发誓毕生效忠于楚王。

这个小故事讲的是宽容，楚王表现出了一代霸主的大度。在今天看来，这件事小得不能再小，男女同事之间还可以握握手嘛。但在当时的男女授受不亲的社会风气下，当事人还是国王的宠姬，性质就严重了。楚王非但不治罪，还想办法替他遮羞，这种胸襟，即便是别有用心，也能光耀千古了。

宽容，首先包括对自己的宽容。只有对自己宽容的人，才有可能对别人也宽容。人的烦恼一半源于自己，即所谓画地为牢，作茧自缚。

宽容地对待自己，就是心平气和地工作、生活。这种心境是充实自己的良好状态。充实自己很重要，只有有准备的人，才能在机遇到来之时不留下失之交臂的遗憾。知雄守雌，淡泊人生是耐住寂寞的良方。轰轰烈烈固然是进取的写照，但成大器者，绝非热衷于功名利禄之辈。

宽容，最重要的是学会去宽容别人。宽容了别人，等于善待了自己。它能使自己的生活变得轻松，快乐。经历过风和雨，才能领悟到人生的苦和乐，爱与恨，才知道人生中应该忘记什么，记忆什么，放弃什么，学会什么，那样才是举重若轻。我想，最该忘记的是你曾帮助的人，你最应该原谅是曾经伤害过你的人；最该放弃是功过事非、名利得失，最需要学会的便是宽容别人。

宽容，意味着不拿别人的过错来伤害自己。我们有时候可能受到过别人的伤害，而把自己的心情陷在深深的痛苦和烦恼之中不能自拔。其实上，痛苦往往是你自己找来的。面对已经发生过的伤害，只要咱们去正确地对待，去认真地分清那些是有意的伤害和不经意间带给你的伤害，用一颗平常心去对待它，用一颗包容之心对待之，你心中的烦恼就会减轻许多许多。

选择以德报怨，放弃以怨报怨

很多人只知道“以牙还牙、以眼还眼”的原则，而置“以善相待”“以德报怨”的为人之道于不顾，总认为将对方搞得吃不香睡不踏实，方是人生的一桩乐事。其实，这种人在伤害对方的同时，也将自己伤害了。真正善于做人的智者，总是敞开大度胸怀，做到理解与宽容。放下恩怨，学会宽恕，用爱代替仇恨吧，这样将让你缓解痛苦，并且变得快乐起来。

曾有这样一个案例：

荷兰的一所著名的大学的研究人员组织了一批志愿者做了一项有关于“宽恕”的实验。

参与实验的志愿者们被要求想象自己被他人伤害了感情，并反复“回忆”被伤害时的情景。研究人员发现，这个时候的志愿者无论是身体还是精神上的压力同时增加，并伴随着血压的上升，他们的心跳也加快了，还冒汗、面部表情也扭曲。之后，研究人员又要求这些志愿者终止想象自己被他人伤害的情景，尽管没有刚才的生理反应强烈，可是某些生理症状仍然存在。最后，志愿者被要求想象已经谅解了自己的“假想敌”，这个时候，志愿者感到身心放松并且非常的愉悦。

由此，研究人员得出结论：宽恕别人，并不代表为伤害你的人寻求借口，而是将目光聚集在他们好的方面，进而将自己拉出怨恨与痛苦的泥潭。

“如果有可能的话，不应该对任何人有怨恨的心理。”德国哲学家叔本华如是说。为伤害自己的人而怒火中烧，最终受伤的可能是你自己。

在古希腊神话中，有一位名叫海格理思的大力士。一日，海格理思走在崎岖坎坷的山路上，看见路中间有一个口袋似的东西，非常碍眼，于是，他走上前去，想着一脚把它踢开；没想到的是，那个东西非但没有被踢走，反倒变大了一些。

见到这种情景，海格理思很是恼火，于是，使出全身力气又踩了那东西一脚，想将它踩破，但它非但没有被踩破，还膨胀了一倍。海格理思恼羞成怒，到不远处捡来一根又粗又大的树枝，使劲儿砸它，它居然再次膨胀，大得将整个道路都封死了。

这时，山中出现了一位圣人，望着怒火中烧的海格理思，说："亲爱的，别再动它了，请放下计较之心吧。它叫仇恨袋，你不惹它，它就会变小如初。你总是记挂着它，不停地踢它打它，它就会不停地变大，最后还会挡住你前进的道路，跟你抗争到底。"

的确，我们越理会仇恨袋，仇恨袋就越膨胀。其实，有人的地方就有矛盾，与人相处过程中，发生摩擦、误会，甚至是不愉快，这是在所难免的。遇到这种情况，我们不能让仇恨袋不断地膨胀，令仇恨的种子根植于心。正确的态度是：淡化矛盾，摒弃前嫌，握手言和，进而让自己自在，也将别人解脱。

古人有云："大度能容，容天下难容之事；慈颜常笑，笑世上可笑之人。"用爱代替仇恨，宽恕伤害我们的人，这个行为一旦做了出来，假以时日，成为一种习惯，会让我们在与人相处时获得更广阔的人脉。

选择善待别人，就是善待自己

战国时，孟子告诉齐宣王说："君主把臣子看做是自己的手脚，臣子就会把君主看做是自己的心腹；君主把臣子看做是犬马，臣子就会把君主看做是普通人；君主把臣子看做是草芥，臣子就会把君主看做是仇敌。"所以要想人们为我付出，我必须先付出；我不想人们施加给我的，我也就不能施加给别人。

孔子极力强调"先施"，他说到君子之道时说："君子之道有四个方面，我一个方面都没有达到：要求做儿子服侍父母，我不能做到；要求大臣服侍君主，我不能做到；要求弟弟善待兄长，我不能做到；交朋友时，先好好对待朋友，我也不能做到。"这个"先施"实在是事业成功之宝典。所以老子说："要想夺取它，必须先给予它，先培养它。"

做人也是这样，只有爱人的人，人们才永远爱他；敬重人的人，别人才敬重他；施德于人的人，人们才以德来回报他；帮助人的人，人们才帮助他。付出的越多，回报就越丰厚；施予的越广博，成就就越宏大。因此说，善待别人，就是善待自己。

楚汉相争时，蒯通劝说韩信背叛刘邦，与项羽结盟，从而双利俱存，三分天下，鼎立而居，分封诸侯，做天下盟主。韩信不听劝告，他说，他不忍心背叛刘邦。他回想自己当年在项羽手下只是一个小小的郎中，位不过执戟之士，自己向项羽进献计谋时，项羽从不采纳。而刘邦不同，刘邦不但授他上将军之职，让他统率大军，而且极力改善他的衣食住行，对他家庭的关照也是无微不至。所以韩信回答蒯通说："汉王待我十分厚恩，把他的车给我乘，把他的衣给我穿，把他的食物给我吃。我听古人说：乘过人家车子的人，要给人家分担患难；穿人家衣服的人，也该给人家分担忧虑；吃人家饭的人，就得为人家卖命。我怎么可以图谋私利而违背道义呢！"

商汤王三到有莘，终于使伊尹答应做他的相国；周文王因为敬老尊贤，所以吕尚、太颠、闳夭、散宜生、鬻子这些有才能的人都听从他的指挥；刘备三顾茅庐，所以诸葛亮出山献计三分天下。这就是礼一所以获十，罪一所以去百，获人所以尊己，助人所以成己的明证。

宋朝的法演禅师曾给世人留下四诫说：

势不可使尽，使尽则祸必至；
福不可受尽，受尽则缘必孤；
话不可说尽，说尽则人必易；
规矩不可行尽，行尽则人必繁。

福乐是每个人都想享有的，如果你处处只想到自己的利益，就会众叛亲离；若过于孤立，则成功的缘分就渐渐疏离；不该得的财富你处心积虑想拥有它，到头来你会失去更多的福报和机会。

善待别人，需要的只是一点点的理解与大度，却能赢来意想不到的收获。善待别人，是一种最有力量的方式，也是一条最好的路。

选择善待别人，就是选择善待自己。善待别人，会比仅仅追求财富上的成功，或是个人的成就感，要来得更有意义。

做人不必太较真

做人虽然不能玩世不恭，游戏人生，但也不能太较真、认死理。太认真了，就会对什么都看不惯，连一个朋友都容不下，把自己同社会隔绝开。做人是否太较真，正是有人活得潇洒快活，有人活得抑郁烦闷的原因所在。

孔子领着一行弟子东游，半路上，感觉又累又饥肠辘辘之际，正好看到不远处有一个酒家。于是，孔子吩咐一弟子前往，弄点吃的东西。该弟子走进去，对酒家的老板说："我是孔子的学生，我们和老师有点饿了，请您给一些吃的东西吧。"

老板听闻，想了想，说："你说你是孔子的弟子，我写个字，假如你认识的话，随便你们吃。"然后，就命人取来笔墨，写下一个"真"字。

该弟子看后，毫不犹豫地说："这个字太简单了，'真'字三岁的小孩子都认识啊，这是个'真'字。"老板仰头大笑道："你竟然连这个字都不认得，还说是孔子的学生！我看你是假冒的！"然后，就吩咐伙计将他轰了出去。

孔子看到该弟子垂头丧气地空手而归，问后得知原委，就亲自前往酒家，对老板说："我是孔子，现在有点饿了，想点一些吃的东西。"老板说："既然你说自己是孔子，那么我写个字，假如你辨认得出，那就随便吃。"然后，又写下一个"真"字。孔子看了看，说这个字念"直八"，老板爽朗地开怀大笑道："孔子果真名不虚传，你和弟子们免费吃吧，随便点单。"

刚才那位弟子百思不得其解，便问孔子："这明明是'真'嘛，为什么非说是'直八'？"孔子解释道："很多时候，是认不得'真'的，你非要认真，自然会碰壁。处世之道，你还得继续学习啊。"

这个故事说明了一个道理，那就是做人不能太较真。太较真了，就会对什么都看不惯，连一个朋友也容不下，就会把自己封闭和孤立起来，失去了与外界的沟通和交往。

桌面很平，但在高倍放大镜下就是凸凹不平的黄土高坡；居住的房间看起来干净卫生，当阳光射进窗户时，就会看到许多粉尘和灰粒弥漫在空气当中。如果我们每天都带着放大镜和显微镜去看东西，恐怕世上没有多少可以吃的食物、可以喝的水、可以居住的环境了。如果用这种方式去看别人，世上也就没有美，人人都是一身的毛病。

人非圣贤，孰能无过，人活在世上难免要与别人打交道，对待别人的过失、缺陷，宽容大度一些，不要吹毛求疵、求全责备，可以求大同存小异，甚至可以糊涂一些。如果一味地要“明察秋毫”，眼里揉不得沙子，过分挑剔，连一些鸡毛蒜皮的小事都要去论个是非曲直，整个输赢来，别人就会日渐疏远你，最终自己就变成了孤家寡人。

古今中外，凡能成就一番大事业者，无不具有海纳百川的雅量，容别人所不能容，忍别人所不能忍，善于求大同存小异，赢得大多数。他们豁达而不拘小节，善于从大处着眼；从长计议而不目光短浅，从不斤斤计较，拘泥于琐碎的小事。不较真，才能赢得更多的朋友，才能活出洒脱的自己，才能抵达人生的大境界。

做人做事少说绝话多留余地

有一个人，因在单位里与同事之间产生了一点摩擦，很不愉快。一怒之下，他就对那位同事说：“从今以后，我们之间一刀两断，彼此毫无瓜葛！”

这句话说完不到三个月，他的同事成了上司。因他讲了过重的话所以很尴尬，只好辞职另谋他就。

这就是把话说得太满，而给自己造成窘迫的典型例子。把话说得太满就像杯子装满了水，再也滴不进一滴水，再滴就溢出来了；也像把气球打满了气，再也打不进一丝的空气，再打就要爆炸了。当然，也有人话说得很满，而且也做得到。不过凡事总有意外，使得事情产生变化，而这些意外并不是人能预料的，话不要说得太满，就是为了容纳这个“意外”！

杯子留有空间就不会因加进液体而溢出来，气球留有空间便不会因再打一些空气而爆炸，人说话留有空间，便不会因为“意外”出现而下不了台，因而可以从容转身。

有经验的人在面对记者的询问时，都偏爱用这些字眼，诸如：“可能、尽量、或许、研究、考虑、评估、征询各方意见……”这些都不是肯定的字眼，他们之所以如此，就是为了留一点空间好容纳“意外”，否则把话说死了，结果事与愿违，那不是很难堪吗?

以下两点是应该注意的。

1. 做人方面

与人交恶，不要口出恶言，更不要说出“势不两立”之类的话，不管谁对谁错，最好是闭口不言，以便他日需要携手合作时还有“面子”。

对人不要太早评断，像“这个人完蛋了”“这个人一辈子没出息”之类盖棺定论的话最好不要说。人一辈子很长，变化很多。也不要评断“这个人前途无量”或“这个人能力高强”。足球名宿贝利对世界杯的预言被各大媒体当作笑话，他也因此背上了“乌鸦嘴”的恶名，以至于2002年世界杯巴西队有望夺冠之时，他三缄其口，生怕自己大嘴一张说跑了巴西队的好运气。

少对人说绝话，多给人留余地，这样做不是仅仅为对方考虑，对对方有益，更是为自己考虑、对自己有益。这是对双方都有好处的。

2. 做事方面

对别人的请求可以接受，但不要保证，应代以“我尽量，我试试看”的字眼。

上级交办的事当然要接受，但不要说“保证没问题”，应代以“应该没问题，我全力以赴”之类的字眼。这是为了万一自己做不到所留的后路，而这样说事实上也无损你的诚意，反而显出你的谨慎，别人会因此更信赖你，即便事没做好，也不会责怪你！

谚语说：“三十年河东，三十年河西。”今天有的事很可能用不了“三十年”就发生此消彼长的变化，人们相互间更是“抬头不见低头见”。如果把话说得太满，把事做得过绝，将来一旦发生了不利于自己的变化，就难有回旋的余地了。

低调做人，高调做事

人一生中要依靠两件事来确立根基：一件是做人，一件是处世。而历览古今，纵观中外，最能保全自己、发展自己和成就自己的人生之道便是：高标处世，低调做人。

大凡高标处世者，其做人的基调都很低；大凡低调做人者，其处世的标准都相当高。越是低调做人者，往往越能成就大事；越是功成名就者，越是低调做人的典范。

日常工作中不难发现这样的情形：有人虽然思路敏捷，口若悬河，但他讲话别人都不愿意听，为什么？因为他的表现太狂妄，令人不舒服，因此别人很难接受他的观点和建议。这种人多数都是因为喜欢表现自己，总想让别人知道自己很有能力，处处想显示自己的优越感，从而能获得他人的敬佩和认可。但结果却失掉了在他人心中的威信。

在心理交往的世界里，那些低调而豁达的人总能赢得更多的朋友；相反，那些高看自己小看别人的人常引起别人的反感，最终在交往中使自己走到孤立无援的地步。明代学者吕坤在《呻吟语》中说："气忌盛，心忌满，才忌露。"他这是把心满气盛、卖弄才华视为做人的大忌。

有一位职员，在公司工作不到四个月，就选择了离开。一不是自己的能力达不到，二不是自己沟通处事的能力差，三不是在公司里无用武之地，那究竟是为什么呢？原来他在从事自由研究之余，通过偶然的机会与这家公司的员工接触，发现这位员工在介绍自己公司的产品时，说得有些不明白，于是他就从沟通技巧的角度针对性地提了一些建议。没想到该公司的老板直接打电话邀请他面谈，而后，他意外地进入了这家公司。

刚进入公司时，老板让他着手解决难题，这就要求不仅要建立一些规则，还要打破一些规则。特别是后来老板任命他主管产品包装，在设计文案时，他发现他的顶头上司——产品总监对他构成很大的阻力，因为他要大刀阔斧修改的原方案就是他设计的。为此他很困惑，是该通过协调沟通争取把事情做好呢，还是放弃原则投其所好呢？当感觉阻力越来越大而被迫放弃时，其实他与上司的关系就显得有些微妙了。最后，他只好选择回避。他没有获得上司的真正配合与支持，这就为离职埋下了伏笔。

总的来看，这位员工在入职时就没有获得有利于他的环境。让自己暴露在一线，在众多的眼球注目下承担关键工作，那么无论你大显身手的结果如何，对自己都不太有利。你做好了，你是个人才，但这样一来就有人患上“红眼病”，以后不与你配合；二来领导因为看中你，安排一些更有挑战性的事情让你做，这对一个还没有完全熟悉环境的人来说，事实上是拔苗助长，好心办了坏事。

英国大文豪萧伯纳出名后赢得了很多人的尊敬和仰慕，但是年轻时的他特别喜欢崭露锋芒，说话也尖酸刻薄，谁要是跟他说话，便会有受到奚落之感。一天，一位老朋友私下对他说：“你出语幽默、风趣，但是大家都觉得，如果你不在场，他们会更快乐。因为他们比不上你，有你在，大家便不敢开口了。你的才干确实比他们略胜一筹，但这么一来，朋友将逐渐离开你。这对你又有什么益处呢？”

老朋友的话使萧伯纳如梦初醒，他感到如果不收敛锋芒，彻底改过，社会将不再接纳他，又何止是失去朋友呢？所以他立下誓言，从此以后，再也不讲尖酸的话了，要把天才发挥在文学上。这一转变不仅奠定了他后来在文坛上的地位，同时也广受各国读者的敬仰。

你要是比别人多一些本事，不一定要张扬着让他人知道，时间会证明一切的。低调做人，使你在与人共事时留下较大的回旋余地，是一种必要的自我保护，也是一种让人敬佩的内在气质。从另一个角度看，低调的人能得到别人的信赖。因为低调，别人才不会认为你对他构成威胁，你也会赢得别人的尊重，与之建立良好的关系。

立身行事，选准一个度

洪应明在《菜根谭》中写道：“清能有容，仁能善断，明不伤察，直不过矫。是谓蜜饯不甜，海味不咸，才是懿德。”这句话的意思是说，清廉纯洁而有容忍的雅量，心地仁慈而又能当机立断，精明而又不失之于苛求，性情刚直而又不矫枉过正。这种道理就像蜜饯虽然浸在糖里却不过分的甜，海产的鱼虾虽然腌在缸里却不过分的咸，一个人要把持住这种不偏不倚的尺度才算是做人的平衡。

世间无论哪一种事物都有度，都要适度。过度便成稀罕，便成怪物，过度便不成体统。比如草就是草，即使是肥沃而无人践踏的荒地上的茅草，任其往高里长，大约也不过就两米。而且无论如何，它的茎也仍然是纤细的，是可以随风倒伏的草茎。如果有一种草长得高可参天，粗可盈尺，那它是不该被叫做草，而该被叫做树。

再比如常见的家鼠，就该是那么小模小样，再大也不会大过一只壮猫。正因为如此，家鼠虽是可恶，却并不会使人害怕，除非这人本身就胆小如鼠。假使家鼠超常过度生长，壮大如一头小猪，那情形又该如何呢？恐怕见到的人多半会如见怪物，扭头便逃，甚至目瞪口呆，连逃跑都忘记了。

度是个很重要的东西。度使万物有序，使万物各有其实，各安其位，使世界成其为世界。它使地球上的一切有生命和无生命的东西，都能各得其所，生生不息，变动不居而不失其本。这也正如因为鼠小而使猫成为它的天敌，草盖不过树而使草和树能各自相安无事一样。人事之中也无处不有度。人事之度调节了人伦关系，形成了社会的正常秩序，也保护了我们自己。所以，对于每个人来说，立身行事，都要想到这个度，都要有一个度，要做到适度。

从前宋国有一个人，担心禾苗不长，便去一根一根往高里拔，回家还喜滋滋地对家人说："今天可把我累坏了，我帮助禾苗生长了。"可是等到第二天再到地里一看，禾苗都已经蔫死了。天下种田人没有不希望禾苗尽快生长的，这个宋国人希望禾苗长得快些自然是不错的，但他的做法却违背了禾苗的自然生长规律，因此他的做法不仅没有任何助益，还适得其反。

俗话说，有毒的不吃，犯法的不做。有毒的不吃，是因为吃了要死人；犯法的不做，是因为做了就要受制裁。这就是常理，违背了常理，就会失度，就会坏事，甚至好心做坏事，好事也变成了坏事。

同拦路抢劫或入室偷窃的坏人搏斗，保护自己或他人免受侵害，这是好事。可是，如果你已经制服了对方，使他失去了继续反抗和侵害的能力，还要在他致命的地方来两下，将其置于死地，这就是过分，在法律上被称为防卫过当。因为按常理，只要制服了对方，也就算达到了目的，剩下的就是执法机关的事了。法律规定防卫过当，也是要负法律责任的。所以，聪明的人总是行止有度。行，行于其所当行；止，止于其所当止。对自己，不放纵，不任意；对别人，不挑剔，不苛求；对外物，不耽恋，不沉溺。得享受时便享受，得付出时便付出，依理而行，循序而动。如果必须，做得天下，若非合理，毫末不取。

能刚能柔才能久立于世

一个人如果过分方方正正，有棱有角，必将碰得头破血流；

但是一个人如果八面玲珑，圆滑透顶，总是想让别人吃亏，自己占便宜，也必将众叛亲离。因此，做人必须刚柔并济，变通行事。

“书圣”王羲之的家族，是东晋有名的望族，他的伯父王敦当时任大将军，掌管东晋的兵马大权。王敦虽已位极人臣，享尽荣华，但他的野心很大。王敦从未放弃过做皇帝的欲望，而他的谋士钱凤，一直在给王敦鼓动打气。两人气味相投，经常在一起商讨篡权之事。

一天早晨，王敦起床不久，钱凤就急急地来找他。两人关起门来，谈起了“谋反”的机密。

钱凤用极为神秘的口气，对王敦说着一些他刚掌握的动向。两人谈了好一阵子。王敦听了钱凤带来的情报，非常激动，猛地站起身，正要开口说话，突然停了下来。

他透过窗子，看到对面房间里垂着的帐子动了一动。这使他想起侄儿王羲之还在床上睡觉。

王羲之这年才十一二岁，平时最受王敦器重。王敦把聪明机灵、悟性极高的王羲之看做王家的接班人。他经常把王羲之带在身边，留在自己府中生活。这一次，王羲之已连续几天吃住在王敦家中了。他的卧室恰好紧挨着客厅。当钱凤到来时，因为双方都紧张，王敦便把王羲之在屋里睡觉的事忘得一干二净，直到这时才想起来。王敦大惊失色，对钱凤说：“羲之还在这里睡觉。我们刚才说的话，让他听去了可怎么办？”

经王敦这么一说，钱凤也急了，他说：“大将军，计划泄漏出去，我们死无葬身之地！量小非君子，无毒不丈夫啊！干脆一不做，二不休……”

听了钱凤的话，王敦想了又想，到最后终于心一横说：“对，不能只顾血肉亲情。”转头向着王羲之睡觉的那个房间点点头：“羲儿呀，你就莫怪我这做伯伯的无情无义了！”王敦说着，拔出了宝剑，提剑直奔王羲之睡觉的床前。

王敦撩起帐子，忽然看见王羲之睡得正香甜。

王敦掀起帐子，王羲之也毫无反应。王敦看着十分钟爱的侄儿，庆幸自己的密谋并没有被侄儿听去，于是，打消了杀侄儿的念头。王敦收回宝剑，插入鞘中，走了出去。

其实打钱凤进门时起，王羲之就醒来，无意中偷听到了伯父与钱凤的话，很快，王羲之意识到了自己的处境非常危险，幸亏他及时使自己平静下来，神态自若，完全像睡着一样，一点破绽也没有露出来，才救了自己一命。

大难临头，不懂得圆融的人就不懂得隐藏自己，镇静地面对危难是很容易被人谋害的。所以，刚柔并济不仅仅是为了与人相处融洽，更多的时候是为了保护自己。

刚直容易折断。曾有人这样说：方与严是待人的大弊病，圣人贤哲待人，只在于温柔敦厚。所以说广泛地爱护人民，这叫做和而不同。若只任凭他们凄凄凉凉，保持自身冷傲清高，如此，便是世间的一个障碍物。即使是持身方正，独立不拘，也还是不能济世的人才。充其量只能算一个性情正直、不肯同流合污的人士罢了。

人们活在复杂的社会当中，像舟行于江河，处处有“风浪”，有阻力，而一个人如果时时事事以方处之，以硬碰硬，竭尽全力与阻力相较量、相抵抗，甚至拼个你死我活，这样做的结果，不仅精力难以承受，而且树敌太多。与其如此，何不适当地用些圆的方法，积极地去设法排除一些困难或减少部分阻力，这样就能使通向成功之路上少几块绊脚石。

刚与柔如鸟的两只翅膀，车子的两个轮子，缺一不可。只刚就容易方，只柔就容易圆。为人处世，最好是方圆并用，刚柔并济，这才是全面的方法，也是成功之道。如果能刚而不能柔，能方而不能圆，能强而不能弱，能弱而不能强，能进而不能退，能退而不能进，注定失败。

刚柔相济，大可以用来治理国家天下，小可以用来处世持身。做人处世若能刚柔相济，把方与圆的智慧结合起来，做到该方就方，该圆就圆，方到什么程度，圆到什么程度，都恰到好处，那就是方圆无碍了。方圆无碍，按现在的说法是原则性与灵活性的高度统一，这是一种最高级的战略，最高级的政策，也是为人处世最高级的方式、方法。要做到这一点，则需要高度的智慧和修养。

第八章

睿智取舍，以自己喜欢的方式过一生

百味生活，选择一颗平常心

生活不总是一帆风顺的，也正因为如此，我们的生活才有滋有味，才多姿多彩。保持一颗平常心最为重要。不以物喜，不以己悲，宠辱不惊，去留无意，临危不惧，泰然处之，在平淡中给自己一个动力；在昂扬中留给自己一份淡泊；在匆忙中懂得适时地给心灵一次释放；在喧闹中为自己找寻一份宁静。

平常心就是一种中庸的处世心态，既不清心寡欲，也不声色犬马；既不自命清高，也不妄自菲薄；既不吹毛求疵，也不委曲求全。

从前，在迪河河畔住着一个磨坊主，他是英格兰最快活的人。他从早到晚总是忙忙碌碌，同时像云雀一样快活地歌唱。他是那样的乐观，以致使其他人都乐观起来。这一带的人都喜欢谈论他愉快的生活方式。终于，国王想见他。

“我要去找这个奇怪的磨坊主谈谈。”他说，“也许他会告诉我怎样才能快乐。”

他一迈进磨坊，就听到磨坊主在唱：“我不羡慕任何人，不，不羡慕，因为我要多快活就有多快活。”

“我的朋友，”国王说，“我羡慕你，只要我能像你那样无忧无虑，我愿意和你换个位置。”

磨坊主笑了，给国王鞠了一躬。

“我肯定不和您调换位置，国王陛下。”他说。

“那么，告诉我，”国王说，“什么使你在这个满是灰尘的磨坊里如此高兴、快活呢？而我，身为国王，每天都忧心忡忡，烦闷苦恼。”

磨坊主又笑了，说道：“我不知道你为什么忧郁，但是我能简单地告诉你，我为什么高兴。我自食其力，我爱我的妻子和孩子，我爱我的朋友们，他们也爱我。我不欠任何人的钱。我为什么不应当快活呢？这里有这条迪河，每天它使我的磨坊运转，磨坊把谷物磨成面，养育我的妻子、孩子和我。”

“不要再说了。”国王说，“我羡慕你，你这顶落满灰尘的帽子比我这顶金冠更值钱。你的磨坊给你带来的，要比我的王国给我带来的还多。如果有更多的人像你这样，这个世界该是多么美好啊！”

很多男人傲视群雄，女人则梦想倾倒众生，对于他们来说，平平常常、实实在在地活着简直等同于无能。他们在付出或者即将付出的同时，想到更多的是社会的认可和回报。当熙熙攘攘皆为利己成为社会的流行病时，人们已逐渐成为欲望的奴隶。说着言不由衷的话，做着身不由己的事，内心在希望与失落的煎熬中苦苦挣扎。于是，日落西山的万道霞光再也看不见了，风拂杨柳时的似水柔情变得无滋无味了。人们迷失了快乐，置身于痛苦的深渊而无力自拔！

其实，人需要的是一颗平常心。一个人，无论聪明愚笨，都会有得失成败，谁都不可能只享受成功的喜悦，而不遭受失败的痛苦，只有在得失成败之间保持一颗平常心，才会摆脱得意时的狂妄自大和失意时的萎靡不振。有一颗了不起的平常心，把自己置于百姓们平淡如水的衣、食、住、行中，才会在司空见惯的日子里一点点吮吸着人间的真情，在默默付出的同时，获得精神的满足和幸福。

凡事保持平常心，成功不值得骄傲，那不过是人生的一个驿站，我们不知道走出驿站的下一步是什么；失败不值得伤心，那不过是一不小心走错的一段路，纠正方向从头再来；失意不要沮丧，一年四季里，有风和日媚的时候。这便是平常心，这便是人生路。当你以一颗平常心走过人生风风雨雨，你才能看到那金色的果实。

生命如舟，拿得起也要放得下

有一位中年男子，在不惑之年，他的事业和家庭都出现了危机。他看到周围的人生活得都无比畅快，自己却处处不如意，于是，嫉妒、浮躁、忧虑成天困扰着他。他变得越来越沮丧。后来，他的一位朋友实在看不过去了，就小心翼翼地对他说："我认识一位无智禅师，你有时间的话，不妨去找他，让他帮忙开导你一下，或许你会有所收获。"

这位中年男子按图索骥，找到了无智禅师。禅房中，他面对慈祥、超然的无智禅师，娓娓道出了自己的困惑与忧虑。无智禅师微笑着伸出右手，攥成拳头，说："你试着做一下。"男子照做。"再攥得紧一点儿。"于是男子将拳头攥得越来越紧，手指甲几乎攥进肉里面了。

"你有什么感觉呢？"无智禅师慈祥地问。

男子茫然地摇了摇头。

"伸开拳头。"男子伸开拳头，无智禅师拿起桌上的一颗青枣和一堆玻璃碎片放在男子的手掌中，说道："攥紧。"男子将青枣与碎片攥在手心里。"攥紧一点儿，再紧一点儿。""受不了了，大师，我的手都快要被碎片扎得流血了。"男子感到了手心的疼痛。这时，无智禅师忽然大声说："那你还不马上松开你的拳头！"

男子被突如其来的声音吓了一跳，伸开手掌，看着手掌微微泛红的硌痕，一阵揉搓。他还看见，玻璃的一些碎片已经扎到青枣的肉里面去了。

无智禅师望着男子，意味深长地说："现在，将碎片拿出来，扔掉吧。"

将碎片拿出来！无智禅师的话如醍醐灌顶，让男子顿悟了。

这青枣就好比他的事业和生活，而这碎片就是生活中困扰着他的嫉妒、浮躁、忧虑……

无智禅师看着男子若有所思的神情，微笑着说："如此看来，施主已经有所了悟。生活中的事就宛如这青枣和玻璃碎片。倘若你什么都不拿。空攥拳头，就算用再大的力气，也是一无所获，或者说是徒劳无功。青枣就好比人们生活中所有美好的事物，而碎片就是困扰人们的各种烦心事。我们要记得及时将青枣中的碎片拿出来丢掉！"男子望着青枣和碎片，仔细聆听完无智禅师一番话，顿时心情无比畅快。

是的，我们应该学会辨识周身的事何为青枣，何为碎片，并能及时地拿出青枣中的碎片，把握住我们应该抓住的，放下应该丢掉的。或许，说来容易做来难，但我们总要有勇气去付诸行动，难道不是吗？

在实际生活里，有些人为了获得梦寐以求的事物，殚精竭虑，费尽心思，更甚者可能会不择手段，走向极端。他可能最后获得了梦寐以求的事物，但是在他追逐的过程中，所失去的不知道有多少呢！很多时候，他付出的代价是其得到的东西所没办法弥补的。因此，不管是喜欢一件东西也好，喜欢一个职位也罢，与其让它们变成自己的负累，不如轻松地面对，就算有一天放手或者握在手心里，也学会了平静以待。

生命如舟，要想让其在靠岸时不至于在中途搁浅或沉没，就必须轻载，果断地放下那些束缚我们手脚的"坚果"（问题）。

放低标准，知足常乐

老子在《道德经》中说：“祸莫大于不知足，知足不辱，知足不殆，可以长久。”讲的是知足常乐的道理。孟子说：“养心莫善于寡欲；其为人也寡欲，虽有不存焉矣；其为人也多欲，虽有存焉寡矣。”说的也是知足常乐的道理。知足常乐，可以说为每个中国人所熟知，在现实中又有几人能做到这一点呢？许多人不可谓不聪明，但却由于不知足，贪心过重，为外物所役使，终日奔波于名利场中，每日抑郁沉闷，不知人生之乐。

知足者才能常乐。“人心不足蛇吞象”，人的欲望是无止境的，如果任其膨胀，必将后患无穷。人有了贪欲，就永远不会满足，不满足，就会感到欠缺，高兴不起来。贝蒂·戴维斯在她的回忆录《孤独的生活》中曾写道：“任何目标的达成，都不会带来满足，成功必然会引出新的目标。正如吃下去的苹果都带有种子一样，这些都是永无止境的。”除非你真正懂得常乐的秘诀，否则将永远不会满足于自己所拥有的。

有一个人，偶然在地上捡到一张千元大钞，他因这笔意外之财，以后总是低着头走路，希望还能有这样的运气。

久而久之，低头走路成了他的一种生活习惯。若干年后，据他自己统计，总共拾到纽扣近四万颗，针四万多根，钱则仅有几百块，可是他却成了一个严重驼背的人。而且在过去的几年中，他没有好好地去欣赏落日的绮丽、幼童的欢颜、大地的鸟语花香。

不知足、贪心的可怕之处，不仅在于摧毁有形的东西，而且能搅乱你的内心世界。你的自尊，你所属守的原则，都可能在贪心面前垮掉。

人的不知足，往往由比较而来。同样，人要知足，也可以由比较得到。人的欲望如同黑洞一样，没有填满的时候，如果任由其膨胀，则会为此生许多烦恼。如果能多看一下不如自己的人，和他们比一下，而不是一味地和比自己强的人比较，那么一切不平之心也许就会安宁。我们不妨抱一种“比下有余”的人生态度。

有个故事说：有个青年人常为自己的贫穷而牢骚满腹。

“你具有如此丰富的财富。为什么还发牢骚？”一位智者问他说。

“它到底在哪里？”青年人急切地问。

“你的一双眼睛，只要能给我你的一双眼睛，我就可以把你想得到的东西都给你。”

“不，我不能失去眼睛！”青年人回答。

“好，那么，让我要你的一双手吧！对此，我用一袋黄金作补偿。”智者又说。

“不，我也不能失去双手。”

“既然有一双眼睛，你就可以学习；既然有一双手，你就可以劳动。现在，你自己看到了吧，你有多么丰富的财富啊！”智者微笑着说道。

这个故事教给我们知足常乐的生活态度。生活中如能降低一些标准，退一步想一想，就能知足常乐。人如果能体会到自己本来就是无所欠缺的，这就是最大的富有了。

愈执着愈烦恼，愈放下愈自在

生活总是在取舍中进行，一味地取，只能让你的负担愈来愈重，烦恼越来越多，要知道有舍才有得，快乐也总在放弃之后。

人的情感就是这样，总是希望有所得，以为拥有的东西越多，自己就会越快乐。所以，这人之常情就迫使我们沿着追寻获得的路走下去。可是，有一天，我们忽然惊觉：我们的忧郁、无聊、烦恼、困惑、无奈、一切不快乐，都和我们的图谋有关，我们之所以不快乐，是我们渴望拥有的东西太多了，或者，太执着了，不知不觉，我们已经执迷在某个事物上了。

韩非子讲过这样一个故事：

一个人丢了一把斧子，他认准了是邻居家的小子偷的，于是，出来进去，怎么看都像那小子偷了斧子。在这个时候，他的心思都凝结在斧子上了，斧子就是他的世界，他的宇宙。后来，斧子找到了，他心头的迷雾才豁然开朗，怎么看都不像是那个小子偷的。仔细观察我们的日常生活，我们都有一把“丢失的斧子”，这“斧子”就是我们热衷而现在还没有得到了东西。

譬如说，你爱上了一个人，而她却不爱你，你的世界就微缩在对她的感情上了，她的一举手、一投足，衣裙细碎的声响，都足以吸引你的注意力，都能成为你快乐和痛苦的源泉。有时候，你明明知道那不是你的，却想去强求，或可能出于盲目自信，或过于相信精诚所至、金石为开，结果不断的努力，却遭来不断的挫折，弄得自己苦不堪言。世界上有很多事，不是我们努力就能实现的，有的靠缘分，有的靠机遇，有的我们能以看山看水的心情来欣赏，不是自己的不强求，无法得到的就放弃。

懂得放弃才有快乐，背着包袱走路总是很辛苦。在人世的生活里，应有一分出世的心情，说到底，是一种不把心思凝结在“斧子”上的心态。

我们在生活中，时刻都在取与舍中选择，我们又总是渴望着取，渴望着占有，常常忽略了舍，忽略了占有的反面：放弃。懂得了放弃的真意，也就理解了“失之东隅，收之桑榆”的妙谛。多一点中和的思想，静观万物，体会与世界一样博大的诗意，我们自然会懂得适时地有所放弃，这正是我们消除一切烦恼，获得内心平衡，获得心灵自由的好方法。

抵得住繁华，禁得住诱惑

诱惑是个美丽的陷阱，落入其中者必将害人害己，无法自救；诱惑又是枚糖衣炮弹，无分辨能力者必定被击中；诱惑还是一种致命的病毒，会侵蚀每一个缺乏免疫力的大脑。做人要有定见，在利益面前多一分小心谨慎，将诱惑拒之于门外。

据说，东南亚一带有一种捕捉猴子的方法非常有趣。当地人将一些美味的水果放在箱子里面，再在箱子上开一个小洞，大小刚好让猴子的手伸进去。猴子经不住箱子中水果的诱惑，抓住水果，手就抽不出来，除非它把手中的水果丢下。但大多数猴子恰恰不愿丢掉到手的东西，以致当猎人来到的时候，不需费什么气力，就可以很轻易地捉住它们。

人又能比猴子高明多少呢？许多人无法抗拒诸如金钱、权利、地位的诱惑，沉迷其中而不能自拔。

经不住金钱诱惑者，信奉金钱至上，金钱万能。说什么“金钱主宰一切”，“除了天堂的门，金子可以叩开任何门”等等。他们视金钱为上帝，不择手段去得到它。他们一边用损坏良心的办法挣钱，一边又用损害健康的方法花钱。钱越多的人，内心的恐惧越深重，他们怕偷，怕抢，怕被绑票。他们时时小心，处处提防，惶惶然不可终日，寝食难安。恐惧的压力造成心理严重失衡，哪里有快乐可言？其实，钱财乃身外之物，生不带来死不带走，应该取之有道，用之有度。金钱也并非万能，健康、友谊、爱情、青春等都无法用金钱购买。金钱是一个很好的奴隶，但却是一个很坏的主人，我们应该做金钱的主人，而不应该沦为它的奴隶。

落入权势诱惑之陷阱者，终日处心积虑，热衷于争权斗势，一朝不慎就会成为权力倾轧的牺牲品，永生不得翻身。结党营私，各树党羽，明争暗斗，机关算尽，到头来，算来算去算自己。过于沉迷权势的人，为了保住自己的“乌纱帽”，处处阿谀奉承，事事言听计从，失去了做人的尊严，更不用说有什么做人的快乐了。

经不住美色诱惑者，流连忘返于脂粉堆中，醉生梦死于石榴裙下。古往今来，不知有多少王侯将相的前程断送在声色之中。君不见，李隆基因了一个杨玉环，终日不理朝政，最终导致权奸作乱，好端端一个开元盛世顷刻间土崩瓦解。吴三桂为了一个陈圆圆，冲冠一怒为红颜，引清兵入关，留下千古罪名。

这个世界太浮躁，有太多的诱惑，一不小心就会掉入这个美丽的陷阱。所以，做人一定要坚守本分，拒诱惑于门外。

有一种爱叫放手

当同学毕业要各分东西，互道珍重时，每个人都不愿放弃这一段友谊。但每个人毕竟有各自的旅程，不可能长期生活在一起。有时守着一位朋友，只会挡住旅程的视线，从而错过一些更为美好的山水。卸下这段感情，我们才有可能拥有更为广阔的友情天空。既然那段岁月已悠然遁去，既然那个背影已渐渐远去，又何必苦苦守望呢？

如果爱一个人，就应该给他自由，因为人的天性中有一个要求空间的愿望。爱一个人就应该尊重他的愿望和他的需要，让他有空间去自由地决定事情，自由地按照自己的意愿去生活。如果把他禁锢起来，那他就会觉得跟你在一起呼吸困难。也许你怕孤单，也许你缺乏自信，所以你想缠着他，可他却会在你的这种爱的方式下选择离开，因为他担负不起你的压力。等他走后，你才发现自己的错误。

放弃自己所爱的人，是一件痛苦的事，但如果对方已对你没有了留恋，即便你一时勉强把他留下，最终你得到的是更深的痛苦和更多的悲伤。不要以为，你的强求会留下他的心，如果他真的不想走，他会选择留下。如果他属于你，他还会回到你的身边。爱是不能勉强的。

爱，没有永久的保证，只有慢慢地磨合。一个永远不想失去你的人，未必是真正爱你的人，因为他窒息了你充分发展的空间。有时，为了获得爱的永久保证书，结果反而走得越来越远。

曾经有个女孩，她跟一个男孩很要好，可以说她在与他相处的过程中产生了情意。可有一天，男孩却告诉她，他喜欢另一个女孩。女孩觉得自己的心快要破碎了，心里面溢满了苦涩的泪水。她多日的幻想，在瞬间化为了泡影。她知道，这份打击全是因自己的多情而造成的。最后，她选择了坦然面对这份友谊，不超过友谊的防线，用理智的头脑控制了自己的行为。她告诉自己既然执着换来的只是徒劳，那就放弃吧，只有放弃自己的情感才是明智的选择。

她觉得心中少了那份牵挂，反而让自己轻松了许多。她发现了以前曾忽略了的友情和亲情，这时是多么的令人温馨；发现了自己内心的追求，原来是如此的充实。她不再彷徨，不再迷惘。她觉得自己像一片绿叶，摇曳在清新的空气里。所以，学会放弃，才会有更新的驿站；学会放弃，才会有美丽的追求；学会放弃，才会有无尽的力量。

每一份感情都很美，每一程相伴也都令人陶醉。有时正是因为遗憾才感到珍贵，有时正是因为思念才觉得留恋。感情是一份没有答案的问卷，苦苦的追寻并不能让生命更加美满。也许多一些放弃、多一点遗憾、多一丝伤感，才会让这份答卷更隽永。

随手关好身后的门

俗话说，为误了第一班车而懊悔不已的人，也可能会错过下班车。

如果人们总是对自己曾经失去过的念念不忘，那样只会让你白白地浪费时间，同时也放弃了美好的未来。

沉浸在过去的岁月里，只会失掉现在；没有现在，就更没有将来可言了。

人生也就是从昨天的风雨里起来，过去已在心里留下了很深的记忆，而这也将会成为我们一生中不可抹掉的回忆。

过去也正是现在的开始，在如今这个发展快速、高科技的时代。人们在过去所做的每件事也都是为将来做准备。因此，不要老是缅怀过去，要多对未来欣赏，如果长时间生活在过去的日子里，那么你就会像在船底附着的小动物一样，时间长了，也就会将你拖下去。沉浸于过去也是很多人的通病，因而要对现在专注做起来也就很难了。

如果你发现自己有沉溺于过去的现象，那么你就要将你的注意力集中到目前，然后可以在心里大声说：过去已成为历史，只要活在现在。

对于过去、现在与未来，人只能沉浸在一个阶段，而每次也只能上演一个阶段。

对于每次只能上演的这一个阶段，又是否做到了使自己闪闪发亮呢?

如果你不反省过去的言行举止，汲取失败的经验，又如何能改变自己，迈向成功呢?

如果你现在有梦想与目标，但是你一直沉浸于过去，无法向前看，那么梦想与目标都只能是你的一种无法实现的想法而已。

英国前首相劳合·乔治曾说过："我这一生都在关我身后的门。我对于过去发生过的事作了记录，不管是好还是坏现在都不会去管。而只有这样做，我才会对我现在要做的事勇敢地走出一步。"

有一次，乔治和朋友在院子里散步，他们每走过一扇门，乔治总是会随手把门关上，当时他的朋友就很纳闷说，你有必要那么做吗？乔治微笑着说，当然有这个必要了，我这一生都在关我身后的门。你知道这都是必须做的事。随手关好身后的门，也就是将过去的一切都放在后面，不管是成功的，还是让你悲伤的。然后，你从关门后就可以重新开始。

朋友听后，陷入了思考中。乔治也正是凭着随手关好身后的门的精神使自己走向了成功，才会坐上英国首相的位置。

随手关上身后的门，要学会将过去的错误与失误通通都关在你的身后，然后做一个快乐成功的人，一直往前走！

的确，想做一个快乐成功的人。也就是要记得随手关上身后的门，不要对过去的事耿耿于怀，一直向前看，就像驾驶汽车一样，如果你想改变方向，那就必须换挡。

有位名人说过：一天过完了也就过去了，而你也做了你能做的一切，其中也许会包括某些错误与失败，快点儿将它们忘了吧！明天又是崭新的一天，它会让我们变得快乐，以最好的心态去迎接新的一天，这样才不会让过去的错误拖累你。

在一生中时刻都要注意关好身后的门，对过去的失误进行总结，但是不要为过去做错的事而耿耿于怀，无论是伤感也好，后悔也罢，它们都不会去改变你的过去，也不会让时光重新来过。

很多人不会去在意随手关好身后的门，而关好身后的门是一种大幸福与大智慧的表现。

努力工作，但别忘了娱乐身心

休息，使人从生理和心理上得到放松，消除或减轻疲劳，恢复精神和体力。它关乎工作，关乎健康，关乎生命本身。人类的天性向往娱乐和游戏，恰当的游戏娱乐可以让人越来越聪明，越来越健康，从而提高工作的成效。健康是生命具有活力的标志，没有了这份活力，我们工作的效率就归为零，或者说锐减得接近于零。身心不健康不仅有害于个人，也有损于社会；身心的健康是莫大的幸福，甚至可以作为人生的目的，而不仅仅作为事业的基础。

“既工作，又娱乐”，做老板或者做员工都要这样。在那些受过高等教育的人中，就有那么一些人拥有广博的知识和卓越的才能，却因为身体欠佳而不能充分运用他们的知识，不能充分发挥他们的才能。

对于那些身体羸弱或者抱病在身的人而言，工作可能不是一种美丽，而是一种痛苦；不是一种至高的享受，而是一种残酷的折磨。这样的人，抱负越大，包袱越重，失望越多，痛苦越深，人生越失败。所以，不如把抱负先放一放，把事业先搁在一边，把身体先养好再说。

为事业而奋斗的人，不可不知调适身心的重要，不可不知调适身心的方法。要知道，“既工作，又娱乐”是使工作最具效能的好方法。如果一个人把他的全部精力都投注到工作上，缺乏必要的娱乐和休息，而工作内容又刻板，工作环境又不变的话，那么他不是成为一颗锈死的螺丝钉，就会成为一颗日益松动、最终“逃离”工作岗位的螺丝钉。如果他的位置很关键，那他的“逃离”将让一台机器瘫痪。

只知工作不知娱乐的人大部分是刻板的人，也没有太强的创造力，即使拥有一些创造力，也会在呆板无聊的空间内变得一无是处。他们注定早衰，即使是一位天才，也注定不过是一颗流星。他们往往是日复一日地沉浸在工作中，把人生最为宝贵的爱情、友情和亲情统统抛弃，到头来才发现自己一事无成，只好独自悲伤，连一个安慰他们的人都没有。

“既工作，又娱乐”是很多人事业成功的法宝。有一位商人就是这样，原本疾病缠身，却通过这种悠闲的工作方式成了一个大公司的老板。他每天都要工作，但每天工作的时间只有两三个小时，而且很多决策是在游戏中完成的。遇到什么难题，他就带着秘书出门游历一番，在乡野幽静的环境中调适自我状态，以作出最明智的决定。他手下的员工也是一些“既工作，又娱乐”的人，这些员工每天七个小时的工作竟然胜过别的公司员工每天八九个小时的工作。他们的点子真是花样百出，叫人惊喜不断。

“既工作，又娱乐”，这其实是一种谨慎的生活，是对活力丧失和事业失败的提防；“只工作，不娱乐”，是对困难和挫折过于警惕的表现，是一种内力无谓的消耗，是虎视眈眈的竞争对手的帮凶。一旦耗尽了内力，我们凭什么去迎战困难和挫折呢？在强大的竞争对手面前，我们只好束手就擒，自然的铁律只能让人们徒然慨叹。

生命太短暂了，而“只工作，不娱乐”绝对不是对生命的延长。两三天的食物不能一顿吃下，两三天的工作也不可能一天完成，受损的身体几乎不可能恢复到原来的样子。与其事后通过医疗手段来努力恢复健康，不如事前就珍惜我们的身体，保护我们的大脑。

取舍有道，生活不必太计较

虽说人生就是一个不断选择与放弃的过程，而我们的人生也是由我们一次又一次的选择和放弃组成的，但现实是，在面临各种各样的选择时，我们却常常不知道应该从何处下手，因为每一次选择对我们都非常有诱惑力，总会让我们对自己所作出的决定产生怀疑、害怕，担心自己所做的决定是不是真的适合自己，真的是最好的。

我们总是为此而烦恼，从而变得犹豫、烦躁，并影响到我们做事的情绪，以至于很难去将一件事情做好。而做事低调的人，他们很少会有这样的烦恼和受到这一方面的影响，因为他们深谙选择与放弃的哲学，知道在面临选择和放弃时，应该作出怎样的判断，作出最适合自我的选择，并促成自我的理想和抱负的实现，从而走向成功。

一个人应该明白哪些事情适合自己做，而哪些是不适合的，因为只有真正尊敬自己的人才会受到别人的尊敬。长大成人以后，人们应该承担自己的责任和义务，会选择自己的爱情、职业、爱好，在作出这样的选择以后，就该努力在现有的条件下发挥自己的才能，实现既定的人生抱负。“我不再是一个与他人无关的人了，我所做的一切，会深深地影响他人。”

有一些年轻人总是希望把想象中的职业都试一试。如果要他们进行选择，就会犹豫不决。一个人要想成就一番事业，就必须放弃自己想尝试的大部分职业，专心致志地去实现一个目标。

在放弃和压抑之间存在着原则性的区别。一个人如果压抑他所有的欲望和希望，认为它们根本不可能实现，那么他就很可能走上一条悲剧性的道路。但敢于大胆放弃的人就不是这样，他们能清楚地认识到，那些欲望是根本不可能实现的，没有任何价值，在放弃之后，他们的内心将变得更加坚强有力。他们敢于直面人生，也清楚地知道自己为什么要那么做。“我知道在自己内心里仍然存在许多不成熟的观念，如果我放弃了成人的生活模式，我将会破坏自己或他人的生活。为了长久永恒的幸福，我宁愿放弃这些暂时的诱惑。”如果一个人能够这样对自己说，那么，他便不再感到内心上的冲突和精神上的重负。

然而人们在心情不好的时候，会不自觉地把坏心情抱得更紧，从而无法从烦恼的死胡同中走出来，因为他们不懂放弃有时是一种大智慧。

人生要懂得取舍。唯有舍弃，才有得到。人生之所以充满烦恼，皆是由于拥有太多。当你舍得放弃，专注于一件事时，就很容易取得成功。

宠辱不惊，看庭前花开花落

《幽窗小记》中有一副对联：宠辱不惊，看庭前花开花落；去留无意，望天上云卷云舒。我们都很喜欢这副对联。它的意思是说，为人做事能视宠辱如花开花落般平常，才能不惊；视职位去留如云卷云舒般自然，才能无意。

一副对联，寥寥数语，却深刻描绘出了人生对事对物、对名对利应有的态度：失之不忧、得之不喜、宠辱不惊、去留无意。这样才可能心境平和、淡泊自然。一个看庭前三字，大有躲进小楼成一统，管他春夏与秋冬之意，而望天上三字则又显示了放大眼光，不与他人一般见识的博大情怀；一句云卷云舒更有大丈夫能屈能伸的崇高境界。与范仲淹的“不以物喜，不以己悲”实在有异曲同工之妙，更颇有魏晋人物的旷达风流。

宠辱不惊，去留无意，说起来很容易，做起来却是十分地困难。我们都是凡夫俗子，红尘的多姿、世界的多彩令大家怦然心动，名利皆你我所欲，又怎能不忧不惧、不喜不悲呢？否则也不会有那么多的人穷尽一生还要追名逐利，更不会有那么多的人失意落魄、心灰意冷了。我国古代的贬官文化即是此明证。这关键是你如何对待与处理的问题。首先，要明确自己的生存价值，“由来功名输勋烈，心底无私天地宽。”如果心中没有太多的私欲，又怎么会患得患失呢？其次，认清自己所走的路，得之不喜，失之不忧，不要过分在意得失，不要过分看重成败，不要过分在乎别人对你的看法。只要自己努力过，奋斗过，做自己喜欢做的事，按自己的路去走，外界的评说又算得了什么呢？陶渊明式的魏晋人物之所以如此豁达风流的原因，就在于淡泊名利，不以物喜，不以己悲，才可以用宁静平和的心境写出那洒脱飘逸的诗篇来。这正可谓真正的宠辱不惊、去留无意。将这一精神发挥到极致的是唐朝的武则天。死后立一块无字碑，千秋功过，留与后人评说。一字不着，尽得风流。这正是另一种豁达，另一种宠辱不惊、去留无意。

只有做到宠辱不惊、去留无意才能心态平和，恬然自得，才能达观进取，笑对人生。生亦欣然，死也无憾。花落花开，水流不息。我兮何有，谁欤安息。明月清风，不劳牵挂。

但是，现在大多数人都觉得活得很累，不堪重负。大家都很纳闷，为什么社会在不断进步，而人的负荷却更重，精神越发空虚，思想异常浮躁。的确，社会在不断地前进，也更加文明了。但是，文明社会的一个最大缺点就是造成人与自然的日益分离，人类以牺牲自然为代价，其结果便是陷于世俗的泥泞中无法自拔，追逐于外在的礼法与物欲而不知什么是真正的美。金钱的诱惑、权力的纷争、宦海的沉浮让人殚精竭虑。是非、成败、得失让人或惊、或诧、或喜、或悲、或忧、或惧，一旦欲望难以实现，想法难以成功，希望落空成了幻影，就会失落、失意乃至失志。

失落主要是一种心理上的失衡，自然需要靠失落的精神现象来调节；失意是一种心理倾斜，是失落的情绪化与深刻化；失志则是一种心理失败，是彻底的颓废，是失落、失意的终极表现。而要克服这种失落、失意、失志就需要宠辱不惊、去留无意的心态。

陷阱、棒杀、怨恨都是每个人不愿意得到的东西，但现实生活中却是实际存在的。有人吹你，你不要太过在意，因为吹你有时是陷阱；有人对你微笑，有人捧你，你不要太过兴奋，因为捧有时是棒杀；你不要太过看重，因为微笑后面可能是怨恨。对于存在的东西，没有必要去认真计较。还是先哲说得好：“走自己的路，让别人去说吧！”所以不要因为有人批评了几句，就灰心丧气；也不要因为有人夸奖了几言，就忘乎所以，要做到宠辱不惊。这就是古人所说的“不诱于誉，不恐于诽，悲喜勿虑，大彻大悟自为之”。

走自己选择的路，做自己喜欢的事

世上人有多种，正如哲学家莱布尼茨所说：“世上没有两片完全相同的树叶。”人也一样，不管人与人如何相似与相近，但本质上都还是完全不同的。因而谁也不可能让别人取代了自己，因为别人眼里的幸福不一定就是你的幸福，适合别人的那种生活方式不一定就是最适合你的那种。究竟哪种生活方式是适合自己的，首先要自己了解自己究竟是怎样的人，然后自己就应该向那个方向努力。或者金钱，或者时间，或者爱情，或者……

有人以为自己拥有了很多钱，让自己躺在金钱的怀抱里尽情享受，什么也不做，那便是一种幸福；有人以为自己拥有了很多可自由支配的时间便是一种别人无法理解的幸福；年轻人以为自己能在自己喜爱的事业上拼搏出一番惊人的成就便是一种幸福；老年人以为自己能长时间与自己的儿女生活在一起安享晚年便是一种幸福；也有人认为自己同时拥有金钱与时间便是一种幸福；也有人以为既有金钱又有时间那便是人世间难得的幸福；还有人以为能永远与自己心爱的人在一起便是一种无可替代的幸福……

我们每一天都与生活的质量进行着拼杀，无论你承认与否都是如此。生活有时是很无奈的，当你对生活感到乏味时，就会觉得活着没有意思，因为不快乐。而事实上，快乐不快乐你都得这样活下去，因为对死亡的恐惧是人的正常的心里，没人能逃得过去，大多数人都愿意选择活着。于是，把握自己的生命态度，让自己有限的生命尽量过得充实快乐，以提高一下自己的生活的质量，这才是最为实际的。无论你爱好什么，只要自己觉得快乐就是好的。

适合别人的不见得就适合你，你眼中别人的幸福或许于对方而言正是一种苦难也未可知。而你拥有的或许正是别人羡慕的，虽然或许暂时困难重重，但毕竟是暂时的，只要你目标明确并为之努力，幸福或许就在不远的地方招手呢。

歌德曾经说过："责任就是对自己要求去做的事情有一种爱。"只有认清了在这个世界上要做的事情，认真去做自己喜爱的事，我们就会获得一种内在的平静和充实。知道自己的责任之所在，并背负了恰当的适合自己的责任包袱，我们就能体会到人生旅途的快乐。

走自己选择的路，做自己喜欢的事。找到最适合自己的生活方式，活出自己的味道，哪怕再苦再累也是甜。

第九章

在不确定的世界理智地选择和放弃

人生如棋，落子无悔

世事如棋，布局落子，一如光阴。溜走的是时间，落下的是棋子，在这一局里没有反悔。如果有，那是对自己过失的补救，补救所费的时间、精力较之三思而行者，先手后手，主动被动应不难得之。

人的一生当中，需要面对许许多多的选择，这是我们每一个人都必须面对的现实。在人生道路上，我们也要经历许许多多的测验，成为每个人生命历程中难忘的经历。

一位父亲正在与儿子下棋，好胜心强的孩子一心想胜过自己的父亲，他睁大眼睛，聚精会神地思考着。他很重视每一步棋该怎样走，棋子都被手里渗出的汗水浸湿了。好不容易想出攻势凌厉的一着儿，他得意地往前走了一步，孰料就在落子的一刹那，突然之间他便发现自己的判断出现了一些错误，当然这一着儿不亚于主动送羊入虎口。他要悔棋。平时一向温和的父亲这时却严肃起来，他坚定地摇了摇伸出的手指，不准他悔棋，虽然这只是在娱乐。

当时在孩子幼小的心里，对父亲的不通情理暗暗不满，甚至在很长的一段时间里认为父亲是小心眼。然而许多年过去了，他才悟出了当年这“落子无悔”中父亲的良苦用心。任何游戏都是有规则的，规则是顺利进行游戏达到目的的保证。对孩子来说，游戏是对其心理和行为的约束，下棋犹如做人，和孩子一起做游戏时，督促孩子严守规则，是为了从小培养孩子的自制力，训练他的纪律性，并为将来成为守法诚实的人打下坚固的基础，所以，那个下棋的孩子在以后始终是严于律己，奋发向上，最后在事业上取得了成功。其实，他就是新加坡国立大学著名的教授、商学院院长陈心刚先生。

这个世界上有越来越多的选择，越来越多的生活方式，正是由于我们的生活经历有限，因此我们做出选择的时间有限，也许没有人敢说自己落的“子”永远是对的。生活逼着我们所作出的选择：要么向左，要么向右，你选择这个，就意味着放弃那个。当作出决定，要同国手下棋一样——落子无悔！

落子无悔，实际上也隐含着人生无悔。每个人都有每个人的生命轨迹，人生道路最紧要处的一步，很可能会改变一个人的一生。但是，道路只有一条，生命也只有一次，一旦走完了，就没有时间供我们再次选择了。

睿智取舍，下活人生这盘棋

人生没有卖后悔药的。我们常常听说，有的人在不小心的情况下，贸然行事，最终结果是痛失成功的机会，大发感慨：“哎呀，我当时不这样做就好了。”后悔得捶胸顿足，可是晚了，虽然可以借此得到成功的经验，但宝贵的时间却因此空耗了。

人生在关键的时刻应该小心选择怎样落子的方法，人们做事，一定要很好地去考虑怎样用最好的方法去做，最大限度地避免失败的可能。

“开弓没有回头箭”，就是射出去的箭一旦出弓，就再也无法重新确定它的方向。瞄准好目标，才会有的放矢，命中目标，相反只能留下遗憾与后悔。

人生的目标，在于如何去实现，如果是盲目地放箭，也有可能会命中目标，然而那样的概率实在是太小了，只有细致地研究自己的理想、人生的目标，确定正确的方法，才会实现理想，完成圆满的人生之旅。人生犹如下棋，落子当无悔，必须做到耐心研究，精确思考，有备无患，否则连后悔都来不及了。尽管是勉强落子，也只能收获败局。

人生说长就长，说短也短。人的一生，正如一盘棋，你要有足够的智慧，足够的体力，足够的分析与判断局势的能力，善于把握机会，知道珍惜，懂得放弃。也许你会赢，也许你会输。但有一点要知道，整个的过程才是最精彩的部分。

有人会说，选择是人生最痛苦的事情。但是，人总是要面对许许多多需要选择与决定的事情。选择最关键的地方就是，你能对你自己的选择负责，能承担自己的选择。回头的时候，告诉自己，我无怨无悔。

落子无悔，忠实自己的选择，相信自己所做出的判断。追求人生应是一种坦然、一种快乐、一种坦然的快乐。

相信，我们每个人都有自己的一盘棋。每个人，都会很精彩地作出自己明智的取舍，作出最好的选择与放弃。相信，明天的太阳一样会灿烂耀眼。

情绪波动时不要轻率选择

做选择和决定是一件需要慎重对待的事情。而人在情绪波动时头脑是非常不理智的，这种时候，人们往往会作出非常愚蠢的选择而自以为是，也会作出非常危险的举动而不计后果。这个时候所作的选择，90%以上都是极端错误的。

从前，有个愚人生活很贫困，可是他的运气还不错。在一次下雨的时候，有一堵墙被雨冲倒了，他居然从倒的墙里挖出了一坛金子，因此他一夜暴富。可是他依然很笨，他也知道自己的缺点，于是就向一位老人诉苦，希望老人能指点迷津。

老人告诉他说："你有钱，别人有智慧，你为什么不用你的钱去买别人的智慧呢？"

于是，这个愚人就来到了城里。他见到了一个智者，就问道："你能把你的智慧卖给我吗？"

智者答道："我的智慧很贵，一句话100两银子。"

那个愚人说："只要能买到智慧，多少钱我都愿意出！"

于是，那个智者对他说道："遇到问题时不要急着作决定，向前走三步，然后再向后退三步，往返三次，你就能得到智慧了。"

"就这么简单吗？"那人听了将信将疑，生怕智者骗他的钱。

智者从他的眼中看出他的心思了，于是对他说："你先回去吧，如果觉得我的智慧不值这些钱，那你就不要来了，如果觉得值，就回来给我送钱来！"

当夜回家，在昏暗中，他发现妻子居然和另外一个人睡在一起，顿时怒从心生，拿起菜刀准备将那个人杀掉。突然，他想起白天买来的智慧，于是前进三步，后退三步，各三次，正走着呢，那个与妻子同眠者惊醒过来，问道："儿啊，你在干什么呢？深更半夜的！"

愚人听出是自己的母亲，心里暗惊："若不是白天我买来的智慧，今天就错杀母亲了！"

第二天，他早早地就给那个智者送银子去了。

很多悲剧都是由于一时的冲动和鲁莽造成的，如果我们在遇事时能保持冷静，有些事缓一缓再作选择，那么很多悲剧就都可以避免。

人是感性动物，生活在爱恨情仇的交织中，而人生又是处在不断的选择之中，有些选择或许无关痛痒，有些选择却事关全局；有些失误可以尽力弥补，有些却让人无力回天。因生气而作出错误决定的事，估计每个人身上都发生过。如果你没有被那错误的决定所伤害，那要感到庆幸。但幸运并不会永远垂青你，所以要想把握自己的一生使之不偏离轨道，就请记住这句忠告——在情绪波动的时候不要轻率地作选择和决定！

三思而后行，慎重做选择

“三思而后行，谋定而后动”是古代先贤留下的不朽名言。这两条警句不但应该让那些冲动型的人熟记，而且也应该让所有做选择的人都深刻领悟。思考不到位，考虑不周详，决策和选择就会出现漏洞和偏差，给我们的人生造成重大损失。

三思而后行，思考些什么东西呢？思考的是事情的前因后果，是问题的根源和起因。问题发生后，就需要知道发生问题的根源是什么，导致问题的诱因是什么。只有当这些问题的正确答案都找到后，才能考虑如何选择。

之所以要三思，是因为问题的发生是很多原因导致的，其背景是复杂的，单凭直觉很难得出正确结论，往往需要一段时间的分析归纳或者调查研究，才能理出头绪。而且也有被人制造假象或有人提供虚假线索的可能，一不小心就有误入歧途的危险。所以，选择前必须要进行精细缜密的思考。思考一遍还不够，还需要检查一遍，然后在决策和选择之前还要复查一遍，确保行动万无一失。

三思以后，在解决问题的方案上，还要再考虑，这就是“谋定而后动”的道理。谋就是制订计划，制定方略，即确定解决问题的方针和策略。只有行动方针确定了，才能采取行动。这种行动方针是思考的产物，而不是那种凭本能冲动想到的。谋略思考是为了寻找合适的方案。本能冲动型的人总是只想到一种行动，只考虑解决面上的问题，对后续行动和影响却不考虑。仔细考虑对策后，就有可能既把问题解决，又避免出现副作用。这样才能使问题得到圆满的解决。

谋定而后动就需要在做决策和选择时沉着冷静，不急于立即做决定，而是先静下心来想一想。心急的人往往会不耐烦地作出决定，因为他们总是担心时间紧急，再不采取行动就来不急了，其实，越忙就越容易出差错。如果事先没有考虑好，路子没走对，反而会耽误时间。所以，中国古代有句俗话，叫“磨刀不误砍柴工”。先把刀磨快了，看起来耽误了工夫，但是在砍的时候由于刀口锋利，效率高，反而节省了工夫。也像出门开车，事先把地图看好了，顺着标志一路开去，就可以不绕弯路，节省时间。如果慌忙上路，看起来节省了看地图的时间，但是一旦走错了路，可能就会浪费比看地图长很多倍的时间。

草率的选择会给你带来无穷后患，三思而后行则能让你的收获更多。

跳出选择的“毛毛虫效应”

法国心理学家约翰·法布尔做过一个实验：把许多毛毛虫放在花盆的边缘上，使它们首尾相接围成一圈，并在不远处撒了毛毛虫最喜欢吃的松叶。结果，没有一只毛毛虫去吃松叶，它们一个跟着一个，绕着花盆一圈圈地走，最终精疲力竭而死。原来，毛毛虫习惯“跟随”，只要前面有同伴，就会一直跟着走，而不会自己做选择和决定。

法布尔在总结此次实验的时候，曾经写下这样一句话：“在那么多的毛毛虫里，倘若有一只不盲从，它们就能够改变命运，告别死亡。”

毛毛虫的失误在于没有自己的主见，不能独自进行选择，失去了自己的判断，只知道盲目跟从同伴，从而进入了一个循环的怪圈。这种因为跟随而导致失败的现象被心理学家称为“毛毛虫效应”。

其实，人在有些时候又何尝不是如此呢？可能有很多人会忍不住嘲笑那些毛毛虫的愚蠢，但实际上，人类社会中每天都在上演着像毛毛虫那样盲目跟从别人或者被习惯左右的事情。

曾经看到过这样一个故事：一个人想做一套新西服，于是就将旧西服拿给裁缝照着做。几天工夫，新西服就做好了。这个裁缝的手艺很好，仿制得几乎完全一样。可翻到后面，那人却发现一个地方有被挖掉以后又重新补上的痕迹。他感到很疑惑，就问裁缝这么做的原因，裁缝答道：“我这全是照着你的旧西服的样式去做的啊！”这时，他才恍然大悟，原来在旧西服后面有一块补丁。

爱默生有这样一句名言：“模仿等于自杀。”像毛毛虫一样只知模仿和跟从，而不会思考和选择，不但会令人养成惰性，还会麻痹人的创造能力，进而影响潜能的发挥。

众所周知，清朝著名书法家郑板桥以自己雅俗共赏的“六分半体”而享有盛誉，被世人列为“扬州八怪”之一。其实他刚开始名气很小，虽然能临摹古代著名书法家的各类书体，甚至可以达到以假乱真的地步，但名声依然不为人所知。他百思不得其解，但幸运的是，妻子偶然的一句话让他犹如醍醐灌顶，豁然开朗。

一个夏天的晚上，郑板桥与妻子在院中乘凉。他习惯性地用手指在自己的大腿上写起字来，不知不觉，就写到了妻子身上去。妻子有些生气地说道：“你有你的身体，我有我的身体，为何不写自己的体，要写他人的体？”

郑板桥猛然醒悟，心想：“是啊！任何人都有自己的身体，写字也一样，各有各的字体。就算写的与他人相同，也只是他人的字体，根本没有自己独有的风格。”此后，他就开始吸取各家之长，融会贯通，最后形成了自己的风格，终成一代书画大家。

在生活中，倘若我们总跟在他人后面走，不能自己进行人生的选择，我们就会看不清自己的方向，最终只能造成碌碌无为的结局。盲从的毛毛虫最后精疲力竭而死，盲从的羚羊纷纷跌进深不见底的峡谷。一个成功的人，绝不是一个盲从的人，他是一个有自己观点的人，一个善于选择和能够主宰自己命运的人。我们绝不能让自己成为跟着别人转的毛毛虫，我们要自己做好人生中的每一个选择，寻找属于自己的天空！

坚持自己的选择，走自己的路

爱默生曾经说过：“不要让自己的头脑成为别人思想的跑马场。”人最可怕的是做事没有主见，盲从于别人，而把自己心里最宝贵的东西也给放弃了。记住，盲从等于放弃了选择权，把自己交给别人摆布。

在中国存在一种很有趣的现象，很多企业的理想就是要成为“他人”。比如：想成为中国的宝洁，成为中国的微软，追随别人，亦步亦趋，然而却很少出现国际性的知名企业，即使有的企业做的规模较大，有一定的知名度，也是“克隆”别人的模式，创新力不够。

亦步亦趋、人云亦云，不能独立做选择的人，只说明他没有主见。一个没有主见的人，是不能把握自己的命运，不能走出自己的人生轨迹。我们对自己的人生负责，就要做出自己的人生选择。

世界著名喜剧大师卓别林刚踏入影坛时，演技还很生涩，很多电影导演都建议他去模仿当时德国的一位名演员。认为如果卓别林可以学到他的五成功力，在演艺圈立足就已经绰绰有余了。但是，卓别林不愿意接受这些意见。他有自己的想法，觉得自己深具演员的天赋，只要有机会多加磨炼，一定可以闯出一番名堂。

他对那些导演说，如果刻意去模仿别人，那就失去了演戏的乐趣，少了乐趣，又怎么能激励自己进步？卓别林作出了自己艺术生涯中的一次重大选择，他决定开创自己的表演风格，不盲目跟从别人已经做过的事，而是努力从生活的各个角落取材，然后以夸张的肢体动作、扭曲的面部表情创造出喜剧感。

更难得的是，卓别林把许多复杂的小动作结合在一起，使这些动作首尾相连，一气呵成，从中衍生出无穷的喜剧感，深受观众与导演的喜爱。卓别林始终坚持自己的选择，从自己的脑袋里迸出许多新点子，而不去模仿现成的表演，最终开创了幽默风趣、自成体系，为民众喜闻乐见的表演风格，奠定了自己在世界表演艺术舞台中的不可替代的地位。

所以，想要取得人生的成功，就必须坚持自己的选择，走自己的路。

并不是追随别人的脚步，就可以采撷到相同的果实，因为沿途最好的果实早就已经被别人捷足先登了。跟在别人屁股后面走，你即使一时成功了，也不过是在追随别人的影子。

每个人的条件不同、认识不同，我们不能以别人看法来衡量自己的选择，否则就会迷失方向。我们应该掌握自己的方向，开创自己的道路。这条路也许很狭窄，没有其他大路来得宽阔平坦，沿路也没有丰盈鲜美的花果，只有满途坎坷与荆棘，但只要坚持下去，这就是一条完全属于你的路。

如果盲从别人，就会一辈子跟在别人的后面走，难有出头之日。当你投入汹涌澎湃的盲从激流之中时，便丧失了你的个性。一味地盲从，只会让你迷失真我，沦为被盲从激流所驾驭的提线木偶。因此，你必须选择自己做主，走自己的路，这样你会更快地走向成功！

此路不通时选择转弯或回头

来自儿时的教育往往使得我们过分推崇执着，执着当然是必要的，但是如果事实已经证明了你所做的事情毫无成功的希望，那么继续执着下去就只能是毫无意义的，这个时候就一定要选择放弃。

科学家曾对马林鱼做过一个试验：把马林鱼放在一个水池里，水池中间用一大块透明玻璃隔着。马林鱼从一头游到中间的玻璃时，想冲过去，可是却碰到了玻璃。结果它的头被碰破了，但它丝毫没有停止的打算，接着又试图游过去。两次、三次、十多次，马林鱼碰得头破血流，但依然向着玻璃冲去。

有时候，人也会像马林鱼一样，盲目地执着于一件对自己来说不可能的事情。一个人总是反反复复地走老路并不可怕，可怕的是他不懂得依据实际情况适当地转弯。一条道走到黑而不知变通的人，怎么能成功呢？

放弃那些不适合自己做的事情，放弃那些不适宜的工作，在准确地认识自己以后，了解了自己的长处和优势之后，再去定夺自己的目标。把那些用在不可能实现的事情上的时间和精力投入到适合自己干的事情上去，也许很快就能成功。

如果你不愿放手那些对你无益的事情，如果你想在那些事情上消磨时光，那你就会放弃那些对你来说很重要的东西，就会放弃值得你一辈子去追求的东西。所以，该放弃一些东西的时候，就不要觉得可惜，如果不放弃它们，才是真正的可惜。

当你确定了目标以后，下一步便是鉴定自己的目标，或者说鉴定自己所希望达到的领域。如果你决心作一下改变，就必须考虑到改变后是什么样子；如果你决定解决某一问题，就必须考虑到解决中可能遇到的困难是什么。

当描述了理想的目标以后，你必须研究一下达到该目标所需的时间、财力、人力的花费是多少，你的选择、途径和方法只有经过检验，方能估量出目标的现实性。你或许会发现自己的目标是可行的，否则你就要量力而行，修改自己的目标。

有许多满怀雄心壮志的人都很有毅力，但是由于不会进行新的尝试，因而无法成功。坚持你的目标，不要犹豫不前，但也不能太生硬，不知变通。如果你确实感到行不通的话，就尝试另一种方式，选择“转弯”或“回头”。

借鉴和实践下面的两个建议，你期望的结果便易于获得。

（1）告诉自己“总会有别的办法可以办到”。每年有几千家新公司获准成立，可是五年以后，只有一小部分仍然继续营运。那些半路退出的人会这么说：“竞争实在是太激烈了，只好退出为妙。”真正的关键在于他们遭遇障碍时，无计可施，才会失败。

你如果认为困难无法解决，就会真的找不到出路。因此一定要拒绝“无能为力”的想法。

（2）先停下，然后再重新开始。我们时常钻进牛角尖而不知自拔，因而看不出新的解决方法。

成功者的秘诀是随时检视自己的选择是否有偏差，合理地调整目标，放弃无谓的固执，轻松地走向成功。

换个角度看问题，换个视角看世界

有这样一个故事。

从前有一个国王，他只有一只好眼睛、一条好腿，另一只眼睛是瞎的，另一条腿是瘸的。有一天，他招来三个画家，命令他们给自己画像。国王说：画得好的有赏，如果画得不好就要杀头。

第一个画家把国王画得很像：国王有一只瞎眼、一条瘸腿。但国王一看，气得直叫，说是有意出他的丑，于是把第一个画家杀了。

第二个画家把国王画得很美，好手好脚，很有精神，像一个美男子，但国王一看，气得更厉害，说是画家讽刺他，结果把第二个画家也杀掉了。

第三个画家见前面两个画家都被杀掉了，急得直冒冷汗，但他不愧是聪明人，画的画让国王十分满意，国王赏给他很多钱。那么这个画家是怎样画的呢？

原来，这个画家把国王画成在山上打猎的姿态，国王把猎枪架在一块大石头上，一只瞎眼闭着，一只好眼瞄准，一条瘸腿跪在地上，一条好腿弓在前面。画家画了国王，却没暴露国王的弱点，所以国王很高兴。

这就是说，第一个画家的动脑角度没有选择好，所以吃了亏。第二个画家一看不好，就转换了一个角度，但这个角度也没有选择好，所以也吃了亏。第三个画家在前面两个角度的基础上，又转换了一个角度，结果成功了，也就是角度转换对了。

所谓“角度转换”，就是在做事时，原来选择的办法不行，需要重换一个角度去考虑。这是一种有效而又常用的选择方法。

在时间的长河中，年龄的增长让我们增加了见识，增长了经验，可是殊不知，正是这种“成熟”让我们陷入了自己的经验之中，陷入了自己的思维定式之中。我们在成长的同时，却往往忘了该换个角度看问题，该改变立场看问题。

社会发展日新月异，墨守成规是难以适应时代潮流的。总是习惯于参照经验的人，往往会陷入思维定式的怪圈。一个人具有丰富的经验是好事，说明这个人经历的事情多，阅历丰富，办事牢靠。但是如果他一味地依赖经验不知变通，遇到事情就习惯性地照搬从前的做法，那就陷入了思维定式的怪圈。如果我们习惯于用固定的眼光看问题，用固定的思维想问题，而看不到事物的变化，就会踏入因循守旧的僵局，无法作出新的选择，无法突破人生的困境。

因此，我们要勇于突破思维定势的怪圈，遇事能够具体问题具体分析，及时转换角度，这样才能看法问题的实质，找到解决问题的方法，从而做出合适的选择，打开人生新局面。

凡事尽力而为，遇事量力而行

一位武术大师隐居于山林中。人们都千里迢迢来跟他学武。

人们到达深山的时候，发现大师正从山谷里挑水。他挑得不多，两只木桶里水都没有装满。

人们不解地问：“大师，这是什么道理？”

大师说：“挑水之道并不在于挑多，而在于挑得够用。一味贪多，适得其反。”

众人越发不解。

大师笑道：“你们看这个桶。”

众人看去，桶里画了一条线。大师说：“这条线是底线，水绝对不能超过这条线，否则就超过了自己的能力和需要。开始还需要画一条线，挑的次数多了以后就不用看那条线了，凭感觉就知道是多是少。这条线可以提醒我们，凡事要尽力而为，也要量力而行。”

众人又问：“那么底线应该定多低呢？”

大师说：“一般来说，越低越好，因为这样低的目标容易实现，人的勇气不容易受到挫伤，相反会培养起更大的兴趣和热情。长此以往，循序渐进，自然会挑得更多、挑得更稳。”

许多人因为工作积压太多，或自以为精力无限，可以同时处理好几件事，便多路出击。但是事实证明，不能够尽心尽力地为一件事情做准备，最后的结果就是顾此失彼，好多事就不得而终。同时心理和身体势必要承受着疲惫的煎熬，最后的结果是空忙一场。

可能很多人都会有这样的经历，在大脑满负荷运转的时候总想面面俱到，把所有的事情都处理好，能得到完美的结局。殊不知事态变化万千，总有很多情况不在自己的掌握之内，工作、生活、情感，许许多多的事情交织在一起，你总得理出个头绪，先解决什么后解决什么，必须有个妥善的安排才行。

诚然，在制定和规划自己目标时一定要“取法乎上”，但一定不要太脱离自己的实际情况。挑水如同武术，武术如同做人。循序渐进，逐步实现目标，才能避免许多无谓的挫折。

每个人都想不断超越自我。但前提是，你必须真的认清自己，了解自己。做好自己最擅长的那部分，舍弃那些费时费力而没有结果的事情，最终取得成功的人都是因为他们拥有最值得人尊敬和学习的某种特质，而不是因为他们的全能。做事既要尽力而为，也要量力而行。

审时度势，驾驭风云变幻的时局

冯景禧1922年出生于广州市一个商人家庭，他没有读完中学，16岁到香港卑利船厂学生意，随后又在广州、香港当过货币兑换店的跑腿，还与人合作经营酒楼，从事外汇和黄金买卖。1948年，他从香港运鱼苗往台湾销售，鱼苗在运输途中死掉。他在台湾买了一批香蕉运回香港，船在从台湾往香港途中遇上了风暴，被风吹离了原定航向，大部分香蕉烂掉。一次次的失败使冯景禧冷静了下来，他把他的大部分精力都用于对问题的思考，而不是一味地贸然前进。机会终于来了。20世纪50年代初，美国侵略朝鲜，中国和美国在朝鲜拉开了战线。美国对中国实行了战略物资的“禁运”，像汽油、橡胶轮胎、机器零件等都被划入了禁运范围，冯景禧巧妙地利用了时局，把这些物资通过澳门的商人向中国大陆出售，获得了厚利。50年代到60年代，香港房地产蓬勃发展，冯景禧与友人开办了新鸿基地产公司，成为香港规模较大的一家地产公司。1967年，香港社会异常动乱之后冯氏曾想移居加拿大，但到加拿大去了一次之后，他又回到了香港，在香港开始了他的第二次飞跃。1969年，冯景禧创办了新鸿基证券公司。同年在新成立的远东股票交易所得到了一个席位，这个席位使新鸿基证券公司的股票能够上市交易。冯景禧还广泛吸收存款，代理客户财务，投资、买卖证券、外汇和黄金，在其他股票经纪公司集中力量为大客户服务的时候，新鸿基证券公司却着力于为小户、散户等效劳，为他们买卖股票，集中了小户、散户的资金，使新鸿基证券公司成为香港股票市场一支举足轻重的足以左右股票价格的力量，业务日益兴旺。80年代后期，这家创业时只有几名职工的经纪行，一跃而成为上千职工的大公司。现在，新鸿基与美国、法国等建立了合作关系，在伦敦、马尼拉、纽约、北京开设了办事处。

冯景禧从一个一文不名的小学徒成长成为一个世界级的经济强人，绝对不可能说是巧合，而只能说是善于判断，精于选择，抓住了机遇。早年的冯景禧历尽挫折，一次次的失败给他注射了一剂“清醒针”，使他由一个单纯的商人转变成为一个冷静的思考者，他从钱与钱的交易中退了出来，作为一个旁观者，冷静地思考时局，为自己的下一步制定方略。“不经历风雨，怎么见彩虹。”失败教会了冯景禧如何去面对风险，如何思考问题，如何进行选择。

当然，把握时机只是事物发展的外因，要实现成功还得要实现内外结合，一个正确的选择策略才是实现成功的关键所在。如果冯景禧不是另辟蹊径，对散户和小户开展业务，而只是一味地对大户开展业务，我们可以想象，他可能陷入恶性竞争而难以自拔，很难形成自己的特色，因此在把握时机时，重点要研究采用什么样的选择策略才能获胜。

机遇是来也匆匆，去也匆匆，抓住了它，便大有作为；错过了它，便一事无成。因此面对机遇时，要转动大脑，灵活善断，将机遇牢牢抓在手中。随机应变的含义谁都懂，但要真正做到这一点，需要具有丰富的知识、敏锐的洞察力，正确展望趋势变化，审时度势，果断选择。这是一项综合素质，需要刻苦修炼，一旦能够做到随机应变，就能在变化的世界中驾驭风云，使自己处于主动地位，立于不败之地。

运筹帷幄，选择的眼光要长远一点

选择可以改变命运，选择不同，命运也就不同。很多时候，今天的生活是由若干年前我们的选择决定的，而今天我们的抉择将决定我们若干年后的生活。所以，在做选择的时候，要具备长远的眼光。

有三个人要被关进监狱三年，监狱长满足了他们三个一人一个要求。甲爱抽雪茄，要了三箱雪茄。乙最浪漫，要了一个美丽的女子相伴。而丙呢，则要一部与外界沟通的电话。

三年后，第一个冲出来的是甲，嘴里鼻孔里塞满了雪茄，大喊道："给我火，给我火！"原来他忘了要火了。接着出来的是乙，只见他手里抱着一个小孩子，美丽女子手里牵着一个小孩子，肚子里还怀着第三个。最后出来的是丙，他紧紧握住监狱长的手说："这三年来我每天与外界联系，我的生意不但没有停顿，反而增长了200%，为了表示感谢，我送你一辆劳斯莱斯！"

伟人们之以伟大，首先是因为他们选择了适合自己的事业。正是他们创造出的成绩使他们名垂青史。如果当年鲁迅不选择弃医从文，就可能不会成为文学巨匠；如果霍金不选择天文物理学，就难以写出《时间简史》这部伟大著作；如果贝多芬不选择音乐创作，也难以为后世留下那么多不朽的旋律。

漫长的人生，就像是一场博弈。如果你想在自己的人生博弈中获得成功，那么就要为这个目标去努力。每天花时间为自己修建通向成功的道路，享受人生博弈的乐趣，是每个人都可以做到而且应该做到的事。如果说出生的背景不公平的话，至少时间对于每个人来说都是公平的，你都可以通过自己的努力争取胜利。当然，你除了花时间在某件事上以外，还需要动点脑筋，把精力用到点子上。

在选择时，我们每个人都要尽量往远处想，给自己多一些长远的计划和打算。如果你这样做了，那么在人生的这场博弈中，你的胜算就大一些。

相反，只顾眼前利益，就会让自己未来的路变得狭窄起来。反过来也可以这么说，你现在的选择决定了你未来的成败。

运筹帷幄，方能决胜于千里之外。在进行选择时，眼光一定要长远一点，要以长远的利益作为选择规划的依据，才能赢得最后的胜利。

选择的终南捷径——追寻创新

拿破仑·希尔指出，人的可贵之处在于拥有创造性思维。一个有所作为的人只有通过有所创造，为人类作出了自己的贡献，才能体会到人生的真正价值和真正幸福。创新的选择在实践中的成功，更可以使人享受到人生的最大幸福，并激励其以更大的热情去继续从事创造性实践，为人类的事业作出更大的贡献，实现人生的更大价值。

有些人总是觉得创新是一件非常神秘的事情，认为似乎只有极少数人才能办得到。其实，创新有大有小，内容和形式也各不相同。创新活动已经不仅是科学家、发明家的专利，它已经深入到普通人的生活中，很多人都可以进行创新性的选择。只要有心，在生活、工作的各个方面都能够点燃创新的火炬，进而为我们的人生增光添彩。

古今中外因作出创新的选择而获成功的人数不胜数。法国美容品制造师伊夫·洛列是靠经营花卉发家的，他在一次新闻发布会上感触颇深地说道："能有今天，我当然不会忘记卡耐基先生，他的课程教给了我一个司空见惯的秘诀，而这个秘诀我尽管经常与它擦肩而过但过去却未能予以足够的重视。而现在我却要说，创新的确是一种美丽的奇迹。"

1960年，伊夫·洛列开始生产美容品，到1985年他已拥有960家分号，他的企业在全世界星罗棋布。他生意兴旺，财源广进，摘取了美容品和护肤品的桂冠。他的企业是唯一使法国大化妆品公司"劳雷阿尔"惶惶不可终日的竞争对手。他的成功得益于创新精神。

1958年，伊夫·洛列从一位年迈女医师那里得到了一种专治痔疮的特效药膏秘方。这个秘方令他产生了浓厚的兴趣。于是，他根据这个药方研制出一种植物香脂，并开始挨家挨户地去推销这种产品。有一天，洛列灵机一动，何不在《这儿是巴黎》杂志上刊登一则商品广告呢？如果在广告上附上邮购优惠单，说不定会有效地促进产品销售。这一大胆尝试让洛列获得了意想不到的成功。当他的朋友还在为他的巨额广告投资惴惴不安时，他的产品却开始在巴黎畅销起来，原以为会泥牛入海的广告费用与其获得的利润相比显得轻如鸿毛。当时，人们认为用植物和花卉制造的美容品毫无前途，几乎没有人愿意在这方面投入资金，而洛列却反其道而行之，对此产生了一种奇特的迷恋之情。

1960年，伊夫·洛列开始小批量地生产美容霜，他独创的邮购销售方式又让他获得巨大成功。在极短的时间内，他通过各种销售方式顺利地推销了70多万瓶美容品。如果说用植物制造美容品是他的一种尝试，那么，采用邮购的销售方式则是他的一种创举。时至今日，邮购商品已不足为奇了，但在当时却是破天荒的。

1969年，伊夫·洛列创办了他的第一家工厂，并在巴黎的奥斯曼大街开设了他的第一家商店，开始大量生产和销售美容品。伊夫·洛列对他的职员说："我们的每一位女顾客都是王后，她们应该获得像王后那样的服务。"公司收到邮购单后，几天即把商品邮给买主，同时赠送一件礼品和一封建议信，并附带制造商和蔼可亲的笑容。邮购几乎占了伊夫·洛列全部营业额的50%。洛列式邮购手续简单，顾客只需寄上地址便可加入“洛列美容俱乐部”，并很快收到样品、价格表和使用说明书。这种经营方式对那些工作繁忙或离商业区较远的妇女来说无疑是非常理想的。后来，通过邮购方式从洛列俱乐部获取口红、描眉膏、唇膏、洗澡香波和美容护肤霜的妇女达数亿人次。伊夫·洛列通过邮售建立与顾客的固定联系，他的公司每年收到几千万封函件，有些简直同私人信件没有两样，附着照片和亲笔签名，信中叙友情、表信任，写得亲切感人。当然，公司的建议信往往写得十分中肯，绝无生硬地招揽顾客之嫌。这些信件中总是反复地告诉订购者：美容霜并非万能，有节奏地生活是最佳的化妆品；而不像其他商品广告那样，把自己的产品说得天花乱坠，功效无与伦比。

公司通过电脑建立了上千万名女顾客的卡片，每逢顾客生日或重要节日时，公司都要寄赠新产品和花色名片以示祝贺。这种优质服务给公司带来了丰硕成果。公司每年寄出邮包达上千万件，相当于每天数万件。

伊夫·洛列经过辛勤的劳动和艰苦的思考，作出了精准的选择，找到了走向成功的突破口和契机。化妆品市场竞争的激烈程度令人触目惊心，如果亦步亦趋、墨守成规，那肯定只能成为落伍者。伊夫·洛列设计出与强大的竞争对手完全不同的产品——植物花卉美容品，使化妆用品低档化、大众化，满足职众多新、老顾客的需要，所以他成功了。伊夫·洛列力求同中求异，别出心裁，另寻蹊径，打破传统的销售方式，采全新的销售方式——邮售，赢得了为数众多的固定顾客，从而为不断扩大生产打下了坚实的基础。

伊夫·洛列的成功经历启示我们，如果想迅速走向成功，那么最好去找一条终南捷径，不要在摩肩接踵的人流中去拥挤，而这条终南捷径就是创新。创新是成长，创新是突破，创新是发展，创新是灵魂。人生需要创新，选择需要创新。创新为你的选择插上腾飞的翅膀，给你的生活注入旺盛的活力。创新的选择造就奇迹，选择如果有了不断的创新，人生一定会更加绚丽和精彩！

结语

生命在选择和放弃之间

要么你去驾驭生命，要么生命驾驭你。能否驾驭生命，掌控人生，取决于你如何选择和放弃。

人生处处有选择，选择是一门人生的学问。

人的一生，除了出身不能选择，其他的一切都是自己选择的结果。我们终其一生，都是在做各种各样的选择，选择恋人、选择朋友、选择职业、选择平台、选择心情、选择幸福……选择成为我们每个人的必须学会的一门学问。选择影响人生，选择决定命运。你要走什么样的路，过什么样的人生，完全在于你的选择。有的人来到这世上，匆匆忙忙，到人生将达终点的时候，又不免慨叹：忙碌了一生，努力了一生，却一事无成。而另一些人则因一个正确的选择而大放异彩。人生就是一场不断抉择的游戏，选择的对与错，对其一生起着方向性的指引作用，选择的重要性远远大于选择后的个人努力。选择是带有方向性的，起着决定性的作用，努力只是在方向性下的加速或减速。

美国前总统林肯说过：所谓聪明的人，就在于他懂得如何去选择。人在选择时，常常要面对很大的变数、超强的诱惑、很多的困难，如何做出正确的选择，不仅需要我们有超常的勇气和胆，更需要我们有非凡的眼光和视角。正是因为选择上的差异，才导致了强者与庸夫之间的差别，成功与失败之间的距离。

选择对了，才能找准奋斗的方向，人生之路就会坦荡顺利，处处充满光明。选择错了，就迷失前进的航向，人生之路就会坎坷曲折，时时充满灰暗。要想把握自己的命运轨迹，首先就要学会选择，训练自己的选择眼光，提升自己的选择能力，做好人生这道选择题。

生活时时需放弃，放弃是一种生活的智慧。

我们总是有太多的放不下，放不下失落带来的痛楚，放不下屈辱留下的怨隙，放不下对情感的奢望，放不下对金钱的渴求，放不下对功名的觊觎，放不下对虚荣的仰慕……没完没了的放不下，让我们的心灵难得一刻的宁静、轻松，让我们深陷烦恼和痛苦的泥沼之中。

让我们烦恼和痛苦的，正是那些我们所放不下的。如果不是我们应该拥有的，我们就要学会放弃。该放下时就放下，舍得放下，是一种解脱，是一种破迷去执的重新选择。放下，不是外表上的决然摒弃，而是在心中对坚固执着的松缚，是心灵的完全放松。放不下就得不到，这是人生的哲理。

生活真谛并不在于获得，而在于放下。只有当你放下足够多的时候，才能如脱钩的鱼，出岫的云，忘机的鸟，心无挂碍，来去自如，表里澄澈。正所谓“风来疏竹，风过而竹不留声；雁渡寒潭，雁去而潭不留影”，只有这样，你才会发现生命竟可以如此充实、如此美好，日日是好日，步步起清风。

人生需要选择，也需要放弃，在选择中放弃，在放弃中选择，人生就是一次次选择和放弃的历程。学会选择，才能创造出精彩迭出的人生。懂得放弃，才能获得心灵的大自由、领略生活的大机趣。